DRESSAGE MÉTHODIQUE

DU

CHEVAL DE SELLE

BAUCHER MONTANT PARTISAN

DRESSAGE MÉTHODIQUE

DU

CHEVAL DE SELLE

D'APRÈS LES DERNIERS ENSEIGNEMENTS

DE

F. BAUCHER

RECUEILLIS PAR UN DE SES ÉLÈVES

AVEC PORTRAIT ET VIGNETTES

PARIS

J. ROTHSCHILD. ÉDITEUR

13, RUE DES SAINTS-PÈRES, 13

1891

Paris. — Typ. Georges Chamerot. — 25583

AVANT-PROPOS

 LES dernières idées équestres de F. Baucher sont peu connues. Cet illustre écuyer, après l'épouvantable accident qui lui avait brisé les deux jambes, ne pouvait plus monter en public. Il vivait retiré, et n'a plus fait, à partir de 1861, que fort peu de cours. Des rares élèves qui les ont suivis, deux ou trois sont seuls encore vivants aujourd'hui.

D'un autre côté, Baucher, trop âgé pour refondre en une seule ses œuvres diverses, modifiées sans cesse par de nouvelles découvertes, n'a plus été à même de faire connaître au public un exposé complet et méthodique de ses derniers procédés de dressage. Il préférait du reste poser des principes généraux, contenus en quelques mots, disant que c'était aux professeurs formés directement à son école à montrer comment les appliquer dans les mille cas particuliers que fait naître la pratique.

Les leçons détaillées de ce savant maître, incomprises, ignorées ou travesties la plupart du temps, menacent donc de disparaître sans laisser de traces.

C'est ce qui a décidé l'auteur de ce livre à céder à diverses sollicitations et à publier un travail qui, primitivement, n'était pas destiné à voir le jour. Élève du grand Baucher, il a suivi plusieurs de ses cours. Admis plus tard dans son intimité, il a vu travailler et il a monté lui-même les derniers chevaux dressés par cet écuyer incomparable. Enfin, il l'a souvent entendu raisonner les procédés de dressage auxquels son esprit fertile s'était fixé vers la fin de sa vie comme représentant à ses yeux la vérité équestre.

Disciple fervent, il avait consigné par écrit, jour par jour, non seulement le détail des cours suivis par lui, mais aussi les enseignements divers de ses entretiens familiers avec son éminent professeur.

Ce sont ces cahiers qui ont servi de base à la rédaction du Dressage méthodique du cheval de selle.

Le lecteur voudra bien se pénétrer de la difficulté d'expliquer, par des mots, certains effets qui sont plutôt du domaine de la pratique que de celui de la théorie.

En outre, comme tous les chefs d'école, Baucher avait adopté des expressions souvent discutables au point de vue scientifique ou grammatical, mais qu'il est indispensable de conserver quand on expose ses théories, parce qu'elles avaient pour lui un sens bien net et bien déterminé, et qu'il serait d'ailleurs à peu près impossible de les remplacer par d'autres plus heureuses ou plus exactes.

Enfin, s'il est aisé d'épiloguer sur un traité

d'équitation ou de dressage toujours ingrat à rédiger, on se rappellera que souvent la plus petite démonstration à cheval rendrait clair à l'instant ce qui paraît obscur par écrit, malgré de longues et minutieuses explications.

DÉFINITIONS

BUT DU DRESSAGE

PRINCIPES GÉNÉRAUX

DRESSAGE MÉTHODIQUE

DU

CHEVAL DE SELLE

DÉFINITIONS

 A volonté du cavalier se transmet au cheval par le langage des aides.

Les aides donnent à l'animal l'action et la position.

Action. — L'*action* est la force d'impulsion nécessaire à l'obtention du mouvement cherché. Elle provoque la détente des ressorts qui supportent la masse.

Position. — La *position* est la répartition normale du poids sur les quatre membres en raison du mouvement demandé. Elle a pour conséquence ou pour complément la disposition des rayons articulaires appropriée à cette répartition du poids.

Mouvement. — La position se combinant avec l'action produit le *mouvement,* lequel n'est que le résultat naturel de ces deux causes génératrices.

Le passage du mouvement à l'inaction s'obtient aussi en partant de la position particulière qui amène ou qui permet l'annulation de l'action.

Équilibre. — La facilité plus ou moins grande avec laquelle le cavalier modifie la répartition du poids sur les quatre membres pour donner les différentes positions indique le degré d'*équilibre* du cheval, c'est-à-dire que plus le déplacement du poids est facile dans tous les sens, plus l'équilibre est parfait. En vertu de ce principe on dit que le cheval est « en équilibre » quand de simples indications suffisent au cavalier pour modifier à son gré la disposition du poids sur ses colonnes de soutien.

BUT DU DRESSAGE

E que le Cavalier doit chercher à obtenir. — Quand on entreprend le dressage d'un cheval, la première condition pour réussir est de bien se rendre compte de ce que l'on cherche à obtenir, c'est-à-dire des qualités qu'on veut faire acquérir à son élève.

Ces qualités peuvent se résumer en peu de mots, et il est à remarquer que ce sont toujours les mêmes, quel que soit le genre de service auquel une monture soit destinée.

Tout cheval de selle doit en effet être rendu facile et agréable à monter, régulier dans ses allures, docile, franc, et aussi brillant que le comporte son ensemble.

Or, pour qu'il soit « facile et agréable à monter, régulier dans ses allures », il faut qu'il soit bien équilibré, c'est-à-dire léger à la main et aux jambes, droit d'épaules et de hanches, avec la tête constamment fixe et placée, et qu'il conserve de lui-même son équilibre sans le secours des aides. Pour qu'il soit « docile, franc », il faut que toute défense, toute résistance instinctive ou volontaire ait disparu, ou puisse, dès qu'elle reparaît, être aussitôt détruite. Enfin, pour qu'il soit « aussi brillant que le comporte son ensemble », il faut qu'on puisse à volonté l'asseoir, grandir ses mouvements, et relever ses allures.

On voit donc que dans le dressage il faut : 1° — s'attacher sans cesse à obtenir la légèreté, un ramener bien fixe, et 2° — une grande obéissance aux jambes ; 3° — s'efforcer de maintenir le cheval constamment droit d'épaules et de hanches, et 4° — l'habituer à se passer du secours des aides. 5° — Il faut de plus lui rendre le rassembler familier.

Nous allons étudier ci-après les moyens d'obtenir ces différents résultats.

PRINCIPES GÉNÉRAUX

I. — DE LA LÉGÈRETÉ ET DU RAMENER

E que c’est que la Légèreté. — La re-
cherche, la conservation de la lé-
gèreté, doit être la préoccupation
constante du cavalier.

On entend par ces mots « légèreté à la main »,
la qualité du cheval qui obéit aux aides sans
peser à la main, sans que celle-ci éprouve la
sensation d’un poids plus ou moins difficile à
déplacer ou d’une force qui résiste à son action.

La légèreté se reconnaît donc à l’absence de
résistance aux effets du mors de bride ou de
filet; la simple demi-tension d’une ou de deux
rênes doit provoquer la mobilité moelleuse de
la mâchoire inférieure sans que la tête bouge,

sans que l'ouverture de la bouche soit sensiblement apparente ; et la langue de l'animal doit
faire alors sauter l'un des mors sur l'autre, ce
qui produit par moments un bruit argentin ;
ajoutons que cette mobilité moelleuse doit per-
sister pendant un certain temps et non cesser
brusquement.

Telles sont les conditions dont l'ensemble
constitue la vraie légèreté. Elle est pour le cavalier l'indice révélateur et infaillible de l'équilibre parfait de son cheval tant qu'elle subsiste
sans altération.

La conséquence de la décontraction complète
de la mâchoire est le ramener, qui s'obtient
alors pour ainsi dire de lui-même, la tête prenant à la plus légère indication des rênes une
position voisine de la perpendiculaire, sans
que l'encolure doive perdre pour cela son soutien ou sa fixité.

Toutes les fois qu'à pied ou à cheval, le cavalier veut demander quoi que ce soit à l'animal
qu'il dresse, il doit commencer par le rendre léger, c'est-à-dire par chercher la mobilité moelleuse de la mâchoire.

En effet, le cheval ne peut contracter une de ses parties pour opposer une résistance quelconque aux exigences de l'homme, sans contracter en même temps sa mâchoire.

En obtenant la légèreté, on fait donc disparaître *ipso facto* les résistances existantes, et ce résultat favorable subsiste tant que persiste la légèreté.

De même, pendant qu'un mouvement s'exécute ou qu'une allure se continue, il faut fréquemment veiller à ce que le cheval reste léger.

Comment se demande la Légèreté. — Que l'on soit à pied ou sur l'animal qu'on travaille, il y a deux cas à examiner quand on demande la légèreté.

1° — Supposons d'abord le cheval arrêté, calme et parfaitement immobile.

Le cavalier sent la bouche en donnant graduellement une demi-tension aux rênes ou à l'une d'elles, afin de voir si la mâchoire est liante et mobile.

S'il obtient ainsi la légèreté, mais la légèreté telle que nous l'avons définie plus haut, il doit s'empresser de rendre : l'animal est en équilibre ; il est prêt à recevoir l'action et la position pour tout mouvement qui pourra lui être demandé.

Si la main ne rencontre pas la légèreté aussitôt la demi-tension des rênes, elle continue cette demi-tension *en en augmentant un peu l'intensité.*

Cette « force lente » suffit généralement pour faire céder, surtout s'il n'y a qu'un peu de paresse et d'inattention chez le cheval.

On peut donc dire que cet effet simple et doux constitue le *moyen ordinaire d'obtenir la légèreté.* C'est à lui qu'il faut sans cesse avoir recours pendant toute la durée du dressage.

Mais il arrive parfois que, malgré une attente assez longue et la persistance de la sollicitation du cavalier, la décontraction de la mâchoire ne se produit pas.

C'est qu'il existe alors des résistances assez sérieuses pour qu'il faille les vaincre par des procédés plus efficaces.

Ces résistances sont de deux sortes :

Des Résistances de Poids. — Ou bien le cavalier, en cherchant la légèreté, a éprouvé dans la main la sensation d'un poids, d'une masse inerte difficile à déplacer. C'est ce qu'on est convenu d'appeler une « résistance de poids ».

Des Résistances de Forces. — Ou bien il a rencontré des forces provenant de contractions musculaires de la mâchoire, et dirigées instinctivement ou volontairement par l'animal contre l'action du mors. Cette résistance active éveille l'idée d'une lutte engagée contre le cavalier. On la nomme « résistance de forces ».

On combat les résistances de poids par le demi-arrêt, et les résistances de forces par la vibration.

Du Demi-Arrêt. — Pour donner le demi-arrêt, voici comment on opère si l'on est à cheval :

Sans cesser le contact de la bouche et sans se rapprocher d'abord du corps du cavalier, la main se contracte énergiquement, le poing fermé, en se contournant vivement, les doigts aussi en dessus que possible. Puis elle augmente presque instantanément son action sur le mors en se portant sans saccade de bas en haut et d'avant en arrière, et en proportionnant la puissance de son effet à la résistance rencontrée.

Si l'on est à pied, on procède d'une manière analogue, mais sans contourner le poignet.

Le demi-arrêt se donne sur une rêne ou sur les deux en même temps, de la bride ou du filet, indistinctement, et ne doit jamais faire reculer.

De la Vibration. — La vibration est une succession de petites secousses, un frémissement imprimé à l'un des mors, soit en agissant directement sur lui, à pied, soit en agitant, à cheval, les deux mêmes rênes ou l'une d'elles.

Comme le demi-arrêt, la vibration se donne indifféremment sur le filet ou sur la bride; elle dure une ou plusieurs secondes et est forte ou faible en raison de la résistance rencontrée. Mais elle ne doit pas varier d'intensité pendant son application. Elle ne doit pas non plus faire reculer.

Si donc le cavalier a rencontré une résistance de poids, il la combat par un ou plusieurs demi-arrêts s'il est nécessaire; si c'est une résistance de forces, il emploie la vibration répétée plusieurs fois également, s'il le faut.

Puis, aussitôt qu'il croit les résistances annulées, il sent de nouveau la bouche de son cheval en donnant aux rênes dont il s'est servi une demi-tension, qui, augmentée très légèrement pendant un certain temps, doit amener la légèreté, si les résistances ont effectivement disparu.

C'est la « preuve » de l'opération.

Si l'emploi de cette force lente ne produit pas la légèreté au bout de quelques secondes, c'est que l'opération a été mal faite.

Il faut alors avoir recours encore aux demi-arrêts ou aux vibrations, selon le cas, mais en s'efforçant de redoubler de délicatesse et de tact.

Si le cheval, tout en étant arrêté, s'inquiète, se tracasse, il faut, avant de demander la légèreté, obtenir l'immobilité complète.

On y parvient en punissant tout mouvement de l'animal par des demi-arrêts proportionnés, comme force, à la faute commise.

Aussitôt chaque demi-arrêt donné, le cavalier, calme et sans colère, étudie ce qui se passe chez le cheval.

Si celui-ci bondit, continue à se mobiliser, paraît enfin ne faire aucune attention à la correction, le cavalier recommence à punir éner-

giquement, et plusieurs fois de suite s'il est né
cessaire.

Dès que le cheval, plus tranquille, semble
craindre le châtiment, les demi-arrêts deviennent beaucoup plus rares et moins forts. Mais
on les continue jusqu'à l'obtention de l'immobilité, accompagnée d'un calme parfait.

Alors le cavalier agit comme il est dit plus
haut pour demander la légèreté.

Si, par exception, les demi-arrêts étaient in-
suffisants pour inspirer à l'animal trop fougueux
une crainte salutaire, on lui mettrait le caveçon
qu'on utiliserait, à pied, par saccades de haut
en bas, en suivant les mêmes prescriptions que
pour l'application des demi-arrêts et en se faisant momentanément remplacer à cheval par
un aide.

Quand une monture a été déjà « mise à l'éperon », comme nous l'expliquerons plus loin, on
l'immobilise à volonté par un « effet d'ensemble
sur les éperons ». Ce qui précède s'applique
donc surtout à un animal qu'on commence.

2° — Supposons maintenant le cheval en
action.

Ainsi que nous l'avons dit, le cavalier doit demander la légèreté à sa monture avant de lui donner une position nouvelle, et de plus il doit fréquemment s'assurer que la mâchoire reste liante et mobile, pendant l'exécution des mouvements ou la continuation des allures.

Il procède pour cela comme lorsque l'animal est arrêté.

Si la légèreté survient par la simple demi-tension des rênes pratiquée comme en station, le mouvement se continuant avec la régularité du pendule, il faut s'empresser de rendre.

Ce qu'il faut entendre par « Décomposer la Force et le Mouvement ». — Mais si cette action, loin d'amener la mobilité moelleuse de la mâchoire, altère l'allure ou le mouvement, ou bien révèle l'existence de résistances sérieuses, il faut *arrêter,* immobiliser l'animal et chercher alors la légèreté de pied ferme comme cela a été expliqué.

Le cavalier laisse son cheval dans l'inaction plusieurs minutes s'il le faut, jusqu'à ce que l'équilibre soit bien rétabli, jusqu'à ce que le mouvement précédent « ne résonne plus » dans l'organisme de l'animal.

Quand ce résultat est obtenu, quand le calme

est entièrement revenu, c'est le moment de redonner l'action et la position qui doivent produire de nouveau le mouvement précédemment cherché ou l'allure interrompue.

C'est ce qu'on appelle « décomposer la force et le mouvement ».

Si, une fois en action, l'équilibre se perd de nouveau, on décompose encore et on recommence tant qu'il est nécessaire.

Avec des chevaux jeunes ou peu avancés en dressage, il faut à chaque instant arrêter pour rétablir de pied ferme l'équilibre, redonner la légèreté, et faire renaître le calme et la confiance. On leur épargne, par ces moments de repos complet, toute espèce de fatigue inutile.

Avec des animaux dont les allures sont détraquées, cette recommandation est encore plus importante. En effet, le point essentiel pour la bonne exécution d'une allure, c'est qu'elle soit toujours parfaitement régulière, que chaque temps soit exactement semblable à son voisin en vitesse et en cadence.

Si la moindre irrégularité survient, il faut arrêter et décontracter complètement avant de repartir.

On doit surtout apporter une grande attention à la *naissance* de l'allure pour qu'elle soit aussitôt bien franche, bien juste et bien réglée.

Si le départ n'est pas parfait, on arrête court et on décompose.

On recommence aussi souvent qu'il est nécessaire.

Il faut se contenter dans le principe de *quelques foulées* parfaitement exécutées.

Mais quand le dressage est déjà avancé, on doit commencer à vaincre les résistances en marchant, surtout si elles ne sont pas trop sérieuses.

On emploie alors sans arrêter les mêmes effets que de pied ferme, en redoublant de tact et de finesse.

Il faut, comme nous l'avons dit, que ces différentes actions de la main ne prennent en rien sur la force d'impulsion ; c'est-à-dire qu'elles ne doivent amener ni un arrêt, ni un ralentissement, ni une altération quelconque dans le mouvement, la direction ou l'allure.

II. — DE L'OBÉISSANCE AUX JAMBES
ET DE « L'EFFET D'ENSEMBLE SUR L'ÉPERON ».

E même que le cheval doit être léger à la main, de même il doit être « léger aux jambes ».

Voici ce qu'il faut entendre par là.

Comment le Cheval doit répondre aux Jambes. — L'animal étant arrêté, si la main ne marque pas d'opposition, la pression simultanée et égale des jambes du cavalier doit produire instantanément la marche en avant : progression lente, calme, si leur action a été faible; progression rapide, énergique, furieuse même, si leur effet a été fort à proportion.

Lorsque le cheval est en mouvement, le contact des mollets doit de même amener une accélération d'allure proportionnée à leur pression.

De pied ferme ou en marche, l'approche d'une seule jambe du cavalier doit faire fuir la croupe du côté opposé; doucement, si son ac-

tion est très légère; vivement, si elle est plus
marquée. Mais la pression d'une jambe employée isolément devant avoir aussi pour résultat de produire ou d'accélérer la marche en
avant, il est essentiel, au moins dans le principe, que la main faisant barrière, reçoive cette
impulsion pour la gouverner, sans quoi la
jambe serait obligée d'employer une très grande
force pour obtenir un effet presque toujours
incomplet.

Quand on approche les deux mollets, si leur
simple contact ne donne pas immédiatement
ou ne rétablit pas sur-le-champ l'action désirée,
on fait toucher aussitôt les deux éperons à la
·fois, sans opposition de main.

On répète ces petites attaques tant que le
résultat cherché n'est pas obtenu.

De même, si, à l'approche d'une seule jambe,
la cession de la croupe n'est pas immédiate,
le pincer de l'éperon du même côté vient aussitôt punir le cheval de sa paresse et le forcer à
obéir.

On arrive par ce moyen à donner à l'animal
une grande finesse aux jambes, à le rendre

« léger aux jambes », et bientôt le simple contact du pantalon ou de la botte suffit pour obtenir ou augmenter l'impulsion, ou, si l'on n'agit que sur un seul flanc, pour déplacer la croupe.

Il faut cependant redoubler de tact dans l'emploi des petites attaques, et n'en faire usage qu'avec discrétion, afin de ne pas provoquer de fouaillements de queue.

Ce que c'est qu'un Cheval « mis à l'Éperon ». — Mais *avant d'employer ainsi l'éperon,* le cheval a dû être amené par le dressage, et cela dès les premières leçons, à le supporter et à y répondre ainsi qu'il suit :

Si, de pied ferme, on appuie progressivement les jambes et ensuite les éperons, jusqu'à une force assez grande, et que la main vienne aussitôt faire opposition, l'animal doit demeurer complètement immobile et conserver sa légèreté inaltérée.

Si, les éperons restant au poil, on augmente la force de leur contact en rendant la main, *le cheval doit se porter en avant franchement au pas* et rester léger.

Si l'on est au pas, l'appui gradué des éperons

ne doit altérer ni l'allure ni la légèreté quand la main fait opposition.

Si l'appui augmente, celle-ci rendant, *l'animal doit prendre le trot sans brusquerie.*

Enfin, en suivant les mêmes principes, *il doit partir franchement sur l'éperon, du trot, du pas ou même de l'arrêt, au grand trot.*

Alors le cheval « connaît l'éperon », c'est-à-dire que le contact de cette aide ne l'affole plus et lui cause au contraire un certain étonnement qui le calme et permet d'obtenir une impulsion tranquille au besoin ou plus puissante s'il est nécessaire.

Il est prêt à recevoir les petites attaques, sans opposition de main, lesquelles, dès lors, *redonnent toujours à ses forces la direction d'arrière en avant,* et détruisent ainsi tout commencement d'acculement.

Enfin, à partir de ce moment, il devient possible au cavalier d'enfermer, d'emprisonner son élève quand il est nécessaire, entre le mors et les éperons, de façon à étouffer dans son germe toute tentative de défense : en rapprochant du corps la main de bride et en fer-

mant les jambes rapidement et progressivement jusqu'à un appui franc, continu et énergique des deux éperons, on produit ce qu'on
appelle « l'effet d'ensemble sur l'éperon ».

Cet effet amène ou confirme la décontraction
de la mâchoire, détruit tout principe de résistance, immobilise l'animal, à la volonté du cavalier, ou — si ce dernier fait prédominer
l'action de l'éperon en mollissant l'opposition
de la main sans laisser échapper la tête — oblige
le cheval à conserver l'allure à laquelle il mar-
chait quand une velléité de révolte s'est manifestée.

On est ainsi *absolument maître d'empêcher
toute défense,* et de conduire son cheval *où on
le veut* et *à l'allure qu'on désire,* quel que soit
son mauvais vouloir ou l'objet qui l'effraie.

L'animal s'aperçoit vite qu'il lui est impossible de résister. Le sentiment de son impuis-
sance l'amène à renoncer à la lutte. Son moral
est dompté et il se résigne à obéir.

C'est ainsi que se guérit sûrement et radica-
lement la rétivité la plus dangereuse et la plus
invétérée.

III. — DU CHEVAL DROIT.

OMMENT **on fait refluer vers l'une ou l'autre des Épaules le Poids de l'Encolure.** — Quand le cheval est léger et ramené, la demi-tension de la rêne droite dans la direction de la hanche gauche, et un peu de bas en haut, doit amener, sans que la légèreté en soit altérée, le bout du nez à droite et rejeter un peu vers la gauche, en l'élevant, l'encolure arrondie en arc par suite de l'inclinaison de la tête.

L'épaule droite est ainsi allégée; l'enlever de cette partie est préparé; en revanche, le poids de l'encolure étant reporté vers la gauche, l'avant-main a une tendance à « tomber » à gauche, c'est-à-dire à se déplacer dans ce sens, et la croupe à s'infléchir vers la droite. Le cheval est alors légèrement ployé en cercle, le bout du nez et les hanches à droite.

La demi-tension de la rêne gauche doit produire l'effet inverse et *parfaitement symétrique*.

Il faut s'attacher beaucoup à ce qu'il en soit ainsi, et répéter souvent ces appuis de rênes de pied ferme et à toutes les allures pour rendre également faciles à droite et à gauche ces « inclinaisons » qui trouvent fréquemment leur application dans le dressage.

Une des plus grandes difficultés équestres est d'obtenir et de conserver sans cesse le cheval bien droit d'épaules et de hanches.

Cette condition est cependant essentielle pour que l'animal soit en équilibre.

Or, presque tous les chevaux sont plus ou moins ployés d'un côté, soit par une prédisposition naturelle, soit par suite de mauvaises habitudes prises dès qu'on commence à les monter.

Ce pli a pour conséquence de rejeter le poids sur une épaule et de faire avancer en arc-boutant la hanche opposée.

L'animal se trouve ainsi tout disposé physiquement pour se défendre, ou tout au moins pour résister à certains effets du cavalier, et il importe de le corriger au plus tôt de cette attitude vicieuse.

Manière de redresser un Cheval. — Le moyen le plus simple et le plus pratique pour y arriver consiste à enseigner au cheval à prendre facilement, à la volonté du cavalier, le pli inverse.

C'est donc en rendant les deux « inclinaisons » également faciles à droite et à gauche, qu'on parvient à redresser un animal qui a une tendance à se ployer de lui-même d'un côté.

Mais ces inclinaisons doivent s'obtenir par la main seule, le cheval étant léger et ayant la tête placée.

Il faut tâcher de ne pas s'aider des jambes, de ne pas employer, par exemple, l'effet diagonal qui agit sur l'arrière-main et la déplace, attendu que souvent celle-ci revient à sa position première, dès que cesse l'action de la jambe opposée, ce qui constitue alors un travail sans issue.

On ne doit pas ici, en résumé, mobiliser la croupe autour de l'avant-main. C'est la translation du poids d'une épaule vers l'autre, produite au moyen de la rêne d'appui, qui a pour conséquence de ployer légèrement le cheval en sens inverse de son inclinaison première.

Il paraît alors à la vérité avoir les hanches, comme le bout du nez, rejetées du côté opposé, tandis que ce sont ses épaules seules qui, en cédant à l'action de la main, se sont doucement inclinées dans le sens où a été amené à « tomber » le poids de l'encolure.

Il va sans dire que ce moyen donné pour lutter contre la tendance particulière d'un cheval à prendre un pli vicieux, ne dispense en rien de l'attention constante que doit avoir le cavalier de placer et de maintenir son élève, malgré les exigences du dressage, bien droit d'épaules et de hanches, à toutes les allures, en station, ou pendant le reculer.

IV. — DES « DESCENTES DE MAIN ET DE JAMBES ».

E cheval, de pied ferme ou en marche, doit conserver de lui-même la position que lui a donnée le cavalier, tant que ce dernier ne la modifie pas.

Quand il est en mouvement, son impulsion doit également se continuer sans altération jusqu'à ce que le cavalier en augmente, en diminue, ou en annule, à sa volonté, l'intensité.

Amener l'Animal le plus vite possible à se passer

du Secours des Aides. — Aussi, une des préoccupations de chaque instant dans le dressage, doit-elle être d'amener l'animal à se passer du secours des aides, main, jambes, cravache, appels de langue, etc., et de le laisser libre le plus possible, tant qu'il conserve son équilibre, c'est-à-dire tant que la légèreté ne s'altère pas, que la tête reste fixe, l'encolure soutenue, et que l'allure se continue sans altération ni ralentissement.

Il faut donc essayer, dès que faire se peut, et à tout moment, des « descentes de main et de jambes ».

On les fait courtes et incomplètes d'abord ; dès que l'encolure s'abaisse, que la tête perd sa fixité ou que l'équilibre se dérange d'une façon quelconque, il faut s'empresser de se servir des rênes ou des jambes, pour s'opposer à tout déplacement de tête ou d'encolure et à toute altération dans la vitesse ou la régularité du mouvement.

Mais on arrive rapidement à avoir des descentes de main et de jambes entières et longues, et c'est ainsi que le cheval apprend de bonne heure à se soutenir de lui-même.

V. — DU RASSEMBLER.

E rassembler consiste à provoquer, sans avancer d'une façon sensible, le fonctionnement, la mise en jeu des ressorts de l'organisme, à obtenir en un mot « l'action » sur place, ou, si l'on est en marche, à l'augmenter, sans produire un accroissement de vitesse appréciable.

Il a pour conséquence l'engagement des membres postérieurs sous la masse, et l'élévation des mouvements.

Ce que donne le Rassembler. — C'est donc le rassembler qui permet d'asseoir le cheval, de diminuer sa base de sustentation, et de donner de la hauteur aux différentes allures.

Le rassembler complet n'est possible qu'en place. Il prend le nom de Piatfer quand il se fait avec rythme, mesure et cadence.

Il n'est pas indispensable d'arriver jusqu'au piatfer. Mais un cheval n'est pas vraiment dressé, si le cavalier n'a pas la facilité de le rassembler à son gré pour l'asseoir aux diverses allures, et le rendre ainsi plus agréable, plus sûr et plus brillant.

Comment se demande le Rassembler. — Il faut toujours que l'animal soit léger et ramené avant de chercher à le rassembler. Il est bon, pour mieux se faire comprendre, de commencer cette instruction à pied au moyen de la cravache, et plus tard, de revenir souvent à ce procédé élémentaire qui n'est cependant pas une condition *sine qua non* de réussite.

Mais, que ce soit à pied ou à cheval, on doit se contenter d'abord de peu.

Comme dans ces exercices l'animal a une tendance à revenir sur lui, à s'acculer plus ou moins, il est indispensable de le reporter moelleusement en avant par les jambes, ou, si c'est nécessaire, par un appui gradué et progressif des éperons, et, plus tard, par une petite attaque, *chaque fois qu'on a demandé le rassembler sur place,* et avant qu'il se soit immobilisé de lui-même.

La main qui s'était fixée doucement pendant que les aides inférieures demandaient la mobilité des extrémités, rend insensiblement au moment où les jambes augmentent leur pression, puis elle reçoit bientôt le surcroît d'impulsion ainsi obtenu, et s'en empare habilement pour confirmer la légèreté plus ou moins compromise.

On arrête alors et on achève de rétablir le calme et l'équilibre avant de recommencer.

Il faut exercer également le cheval à se rassembler aux différentes allures.

Pour cela, les jambes du cavalier actionnent progressivement l'animal; la main l'empêche d'augmenter sa vitesse, et le surcroît d'action ainsi obtenu amène l'engagement des membres postérieurs sous la masse, et une plus grande élévation dans les mouvements.

Il y a lieu de bien faire la différence entre le rassembler et l'effet d'ensemble.

A quoi sert l'Effet d'ensemble. — L'effet d'ensemble a pour but d'immobiliser l'animal, ou de le forcer à conserver l'allure et la direction voulues.

Aussi, pour arriver à ce résultat, la main, les jambes et, au besoin, l'éperon doivent-ils tou-

jours agir *avec une progression continue et graduée,* jusqu'à l'obtention de l'effet cherché.

Dans le rassembler, comme c'est au contraire la mobilité des extrémités, ou une plus
grande détente des ressorts, que l'on s'efforce
de produire et d'entretenir, les jambes et, s'il
est nécessaire, les éperons doivent se faire sentir *par des pressions successives, répétées, alter-
nées même, mais non continues.*

En résumé, l'effet d'ensemble calme, éteint
ou règle; le rassembler anime, réveille, surex-
cite l'activité, donne la vie et le brillant.

PROGRESSION

DU DRESSAGE

PROGRESSION DU DRESSAGE

En dressage on veut toujours aller trop vite.

Pour arriver promptement, ne pas se presser, mais assurer solidement chacun de ses pas.

Demander souvent; se contenter de peu; récompenser beaucoup.

La leçon doit être, pour le cheval comme pour le cavalier, un exercice salutaire, un jeu instructif qui n'amène jamais la fatigue.

Dès que la sueur apparaît, c'est que l'homme a dépassé la mesure.

PREMIÈRE PARTIE

PRÉPARER

CHAPITRE PREMIER

FLEXIONS. — TRAVAIL A LA CRAVACHE. EMPLOI DE LA CHAMBRIÈRE

LE cheval est bridé, mais sans selle. Il a le caveçon dont un aide porte la longe et la maintient demi-tendue. Mais on l'en débarrasse

dès qu'il est possible. Il y a même beaucoup de chevaux avec lesquels on peut entièrement s'en passer.

Pendant le travail à pied, ôter de temps à autre la gourmette pour avoir plus de mobilité de mâchoire, et répéter ainsi les différents mouvements.

Des trois manières d'agir avec le Filet ou la Bride. — Il y a trois manières d'agir avec les rênes de filet ou de bride.

La première est celle que tout le monde emploie pour donner la direction.

La deuxième c'est le demi-arrêt. C'est avec cette action qu'on lutte contre le *poids*.

Si, en sentant la bouche du cheval, ce qui se fait en agissant sur la commissure des lèvres quand on se sert du filet pour demander la légèreté, on rencontre la force d'inertie, cette force brutale qui fait que le poids s'oppose à ce que l'animal cède en relevant son encolure et en mâchant moelleusement son mors, alors on donne un demi-arrêt, c'est-à-dire qu'on passe rapidement et progressivement, sans cesser de rester en contact avec la bouche, à une force beaucoup plus grande. Puis on rend ; on reprend ; on donne un deuxième demi-arrêt, puis un troisième, etc., s'il est nécessaire.

La troisième, c'est la vibration, petit frémissement produit en agitant prestement les deux mains.

Cette action combat les *forces* qu'oppose le cheval quand on sent sa bouche, et qu'au lieu d'abandonner sa mâchoire il la contracte volontairement pour résister. On rend, puis on recommence s'il y a lieu.

Il ne faut chercher à donner la direction que lorsque l'animal est léger, c'est-à-dire en équilibre, et qu'on n'a plus dès lors à lutter contre le poids ni contre les forces.

Élever l'Encolure le plus possible. — Le cavalier, tenant la cravache la pointe basse, se place devant le cheval et le regarde. Il prend dans chaque main une rêne de filet près du mors et élève le plus possible la tête et l'encolure en donnant à ses bras toute leur extension.

Il cherche ainsi quelque apparence de légèreté. Après une minute de repos, pendant laquelle il empêche l'encolure de s'abaisser, il recommence le même effet avec la bride.

Dès qu'on a obtenu de la légèreté, laisser l'animal libre. Qu'il reste le plus possible abandonné à lui-même, soit arrêté, soit en marche, soit au reculer. Il faut que la tête apprenne de bonne heure à se soutenir et à garder sa position.

Mais, dès qu'elle se déplace, reprendre le cheval.

Marche en avant sur la Cravache. — Prenant ensuite les deux rênes de la bride près du mors avec la main gauche, le cavalier tient de l'autre sa cravache horizontalement, de manière à s'en servir par son milieu sans faire sentir le fouet. Il en touche légèrement le poitrail par de petits coups répétés à une seconde d'intervalle, jusqu'à ce qu'il ait obtenu un pas en avant.

Si le cheval se défend, s'il cherche à frapper du devant, on le punit par le caveçon.

S'il recule seulement, ou se jette de côté, on se borne à continuer les légers attouchements de la cravache sans cesser la tension énergique des rênes.

On doit se contenter d'un pas obtenu bien droit, avec l'encolure soutenue.

On caresse sur le front, et on laisse une ou deux minutes l'animal au repos avant de recommencer. On demande ensuite deux pas, puis trois, etc. Chaque fois que le cheval se traverse le moins du monde, *arrêter*. Le replacer parfaitement droit, par les épaules principalement, puis marcher de nouveau. Continuer jusqu'à ce qu'à l'*approche* seule de la cravache l'animal se porte franchement en avant.

Puis on passe au reculer.

Reculer. — Le cavalier, les poignets hauts, faisant face à l'animal, le place d'abord parfaitement droit d'épaules et de hanches, et demande un peu de légèreté.

Alors, ayant une rêne de filet dans chaque main, il élève encore les bras en agissant sur la commissure des lèvres et de bas en haut, de manière à amener le reculer par le reflux du poids sur l'arrière-main.

« **Forcer le Mouvement** ». — Si, à l'indication douce des rênes, la marche rétrograde ne se produit pas, il faut « forcer le mouvement », c'est-à-dire que le cavalier doit augmenter *progressivement* l'effet du mors, doit le faire sentir avec une intensité qui grandisse insensiblement mais énergiquement, jusqu'à ce que le mouvement en arrière, le reculer, ait été obtenu. Le tact consiste à cesser l'effet en question à l'instant précis où, la résistance cédant, l'animal porte ses extrémités d'avant en arrière, ne fût-ce que de quelques centimètres.

On recommence à « forcer le mouvement », tant que l'indication des rênes ne suffit pas encore pour l'obtenir; mais on diminue de plus en plus la force de l'effet nécessaire jusqu'à ce que toute trace de résistance ait disparu.

Le cheval ne doit reculer qu'un pas, mais parfaitement droit; c'est ce à quoi l'on doit le plus s'attacher. Si la croupe se porte d'un côté ou d'un autre, on redresse aussitôt par les épaules qu'on mobilise vers la droite ou vers la gauche, selon le cas, pour faire opposition aux hanches.

On fait ensuite exécuter le même travail en se servant des rênes de bride de la même manière que de celles du filet.

Des Flexions. — Puis on passe aux flexions. On en distingue deux sortes :

1" — La flexion directe de mâchoire, qui se

fait en agissant à la fois sur les deux rênes du filet ou sur les deux de la bride.

2° — La flexion semi-latérale de mâchoire et d'encolure, qui se demande sur chaque rêne séparément.

Avant de les chercher directement, comme nous le verrons tout à l'heure, on en fait faire au cheval cinq autres qui ne sont que préparatoires. On ne doit plus s'en servir plus tard; mais comme elles s'obtiennent facilement dès le principe, le cheval comprend plus vite par ce moyen ce qu'on exige de lui; elles habituent en outre le cavalier au maniement des rênes.

Le *but* de toute flexion est d'*obtenir la légèreté,* telle qu'elle a été définie plus haut.

Flexions préparatoires. — A. — *Avec les deux rênes de bride.* — Pour la première flexion préparatoire, le cavalier se place d'abord à gauche et à hauteur de l'extrémité antérieure de l'encolure. Il tient la rêne droite de bride dans la main droite, à seize centimètres du mors, et la rêne gauche à dix centimètres seulement. Puis il élève la tête de l'animal le plus possible, et rapproche légèrement et progressivement la main droite de son corps, en éloignant la gauche. Si cet effet, continué pendant plusieurs secondes, n'amène pas la légèreté, il emploie le demi-arrêt ou la vibration selon le cas, mais en les appliquant sur la rêne gauche. Dès que la mâchoire se mobilise moelleusement, il rend.

Puis le cavalier se place à droite du cheval et redemande la même flexion par les moyens inverses, en agissant sur la barre gauche.

B. — *Avec les deux rênes de filet.* — On passe ensuite à la deuxième.

Le cavalier revient du côté montoir, et après avoir élevé l'encolure, croise les rênes de filet sous la barbe, de manière à tenir, à seize centimètres du mors, la rêne gauche dans la main droite, et la rêne droite dans la main gauche.

Il demande la légèreté en marquant une traction égale et progressive sur les deux rênes à la fois, et rend dès qu'elle se manifeste.

C. — *Avec une rêne de filet et celle de bride du même côté.* — La troisième flexion préparatoire se fait en se plaçant d'abord à gauche, et en prenant la rêne de filet de ce côté dans la main gauche, et la rêne gauche de bride dans la main droite.

On élève la tête et l'encolure, puis on provoque l'écartement des mâchoires, en portant le poignet gauche en avant du cheval, et le droit vers l'épaule du côté montoir.

S'il faut vaincre des résistances, on donne les demi-arrêts ou les vibrations sur le filet seul. Dès que la mâchoire se mobilise, on rend.

On répète cette flexion en se plaçant à droite de l'animal, et en la demandant avec les autres rênes.

D. — *Avec les deux rênes du filet, pour obtenir un huitième de flexion d'encolure.* — Pour la quatrième, on se place près de l'épaule gauche. On saisit de la main droite la rêne de filet du côté hors montoir, et on la tend en l'appuyant sur la base de l'encolure. L'autre rêne du filet est tenue avec la main gauche à trente centimètres du mors, et sert d'abord à élever, comme toujours, le plus possible la tête de l'animal.

Dès que la légèreté arrive et que la tête s'incline un peu à droite en produisant ainsi un huitième de flexion d'encolure, le cavalier s'empresse de rendre.

Lorsqu'il y a lieu, les demi-arrêts ou vibrations se donnent ici sur la rêne gauche.

On répète la flexion en se plaçant à droite, et en la demandant d'une manière analogue pour faire céder la mâchoire et l'encolure vers la gauche.

E. — *Avec les deux rênes de la bride, l'une d'elles étant passée par-dessus l'encolure.* — Enfin, la cinquième s'obtient en se plaçant à gauche, et en tenant les rênes de bride comme celles du filet dans la quatrième flexion préparatoire.

Après avoir élevé l'encolure le plus possible, on marque une égale demi-tension sur les deux rênes, de manière à obtenir la légèreté en agissant ainsi sur les deux branches du mors à la fois.

Dans toutes ces flexions préparatoires, il faut s'attacher à ce que la tête reste haute, l'encolure bien soutenue.

On s'oppose aux résistances instinctives du cheval par des demi-arrêts. C'est ainsi qu'on évite la lutte.

Dès que la tête se baisse ou se contourne, demi-arrêts, jusqu'à ce que l'animal la laisse immobile où le cavalier la lui place.

Remarquons qu'il est inutile dans les flexions

que le cheval ouvre la bouche. Il suffit qu'il fasse
sauter son mors et qu'il mobilise moelleusement
la mâchoire inférieure.

Il est même préférable que l'écartement en
soit peu apparent. Mais il faut que la tête ne se
déplace pas après la flexion.

Quand l'animal exécute facilement ces cinq
flexions préparatoires, on passe aux deux dont
nous avons parlé plus haut et qu'on demande
seules par la suite.

Flexion directe de Mâchoire. — 1° — Pour la
flexion directe de mâchoire, le cavalier se place
devant le cheval, tenant une rène de filet dans
chaque main, et commence par élever l'encolure et la tète le plus possible, en se servant du
demi-arrêt s'il est nécessaire; puis il demande
la légèreté par une demi-tension égale et continue des rènes de bas en haut et d'avant en arrière, de manière que le mors n'agisse que sur
la commissure des lèvres.

Si, au bout de plusieurs secondes, cette force
lente n'amène pas la légèreté, le cavalier emploie le demi-arrêt ou la vibration, selon le cas.

Puis il sent encore la bouche.

Si ce nouveau contact moelleux n'amène pas la légèreté, il recommence les mêmes effets jusqu'à ce qu'il l'ait obtenue.

Cette même flexion se répète ensuite avec les rênes de la bride.

Flexions semi-latérales de Mâchoire et d'Encolure. — Puis : 2° — on passe aux flexions semi-latérales de mâchoire et d'encolure.

On demande d'abord la légèreté sur le filet comme dans le cas précédent. Alors on agit sur l'une des deux rênes, de manière à obtenir, par une pression sur un côté de la commissure des lèvres, une cession latérale de la tête qui produise un commencement de flexion d'encolure; enfin on complète, on parfait la légèreté par cette même rêne, et quand ce résultat est obtenu, la flexion est faite.

On la répète sur l'autre rêne du filet, puis, d'après les mêmes principes, sur chaque rêne de bride.

On a soin, entre ces différentes flexions, de laisser le cheval au repos, en quittant complètement les rênes pendant une ou deux minutes, chaque fois qu'il est bien léger. On l'habitue ainsi à se soutenir de lui-même. On le punit par des demi-arrêts quand il déplace sa tête ou abaisse son encolure.

On fait faire ensuite les deux mêmes flexions en prenant les anneaux du filet, puis les branches du mors de bride.

Revenir à la Marche en Avant et au Reculer. — Lorsque l'animal les a bien comprises, il faut revenir à la marche en avant et au reculer, pour perfectionner ces deux exercices.

A partir de ce moment, on exige, avant de rien essayer, la légèreté complète.

On veille à ce qu'elle demeure inaltérée pendant la marche ou le reculer, le cheval restant parfaitement droit et ne se mouvant qu'avec calme et lenteur. On le laisse libre le plus possible, pour qu'il s'accoutume à conserver, sans être tenu, son équilibre, et à continuer de lui-même son mouvement, avec la régularité d'un pendule.

On arrête à chaque instant, dès que la régularité obtenue s'altère.

Puis avant de recommencer, on accorde quelques secondes de repos complet, et on rétablit l'équilibre en redonnant la légèreté.

On commence ensuite les pas de côté, les pirouettes renversées et les pirouettes ordinaires.

Pour chacun de ces exercices, le cheval doit d'abord être léger, calme, décontracté et parfaitement droit. Alors le cavalier, prenant les rênes de bride dans la main gauche, demande le mouvement, ce qui provoque une contraction. Aussitôt un pas obtenu, il arrête pour décontracter encore avant de redemander un nouveau pas.

Pas de côté. — Pour les pas de côté, on détermine l'avant-main dans le sens du mouvement, et l'on fait suivre la croupe en montrant la cravache qui se fait sentir au besoin par petits coups.

Si une résistance très forte de cette partie du cheval vient à se manifester, on en triomphe par une opposition de la main qui se **replace** aussitôt la cession de croupe obtenue.

Les épaules doivent bien précéder les hanches et chaque membre gauche, si l'on appuie à droite, par exemple, doit passer en avant de son voisin du côté hors montoir.

Enfin il ne faut pas que le cheval avance.

Pirouettes renversées. — Dans la pirouette renversée, de gauche à droite, par exemple, le membre montoir de devant ne doit pas quitter le sol.

Le cavalier se place à l'épaule gauche et menace le flanc qu'il frappe légèrement s'il est nécessaire.

Pirouettes ordinaires. — Enfin on arrive à la pirouette ordinaire.

Pour qu'elle soit bien exécutée, de gauche à droite, par exemple, le membre postérieur droit doit servir de pivot et rester fixé au sol. De plus, le pied gauche de devant doit passer en avant du pied droit antérieur. S'il passe en arrière c'est qu'il y a acculement.

On se tient de manière à empêcher au besoin, avec la cravache, la croupe de se déplacer.

On continue ce travail en cherchant tous les jours à se rapprocher davantage de la perfection ; il faut en arriver à ce que l'animal obéisse au simple geste, sans qu'il soit besoin de le toucher, et exécute chacun des mouvements sans altérer son équilibre.

Demander ce premier Travail à la simple Indica-

tion du Geste. — Le cheval, une fois rendu léger, doit commencer la marche en avant, les pas de côté, ou les pirouettes, *avant le contact de la cravache,* dès qu'elle est à une petite distance du poil. De même, la légèreté étant obtenue, le reculer doit commencer quand le cavalier marche lentement vers l'animal en le regardant, les deux mains élevées, et très voisines du mors, mais avant qu'elles l'aient touché.

Il faut, bien entendu, que la marche rétrograde s'exécute avec le plus grand calme et la plus grande régularité, un pas nouveau ne se faisant que si le cavalier le demande.

La perfection que nous venons d'indiquer est le but vers lequel on doit diriger l'instruction du cheval. Mais ce n'est que plus tard, quand déjà le travail à cheval est commencé, qu'on peut espérer d'y arriver.

Il suffit donc que l'animal ait compris le mécanisme des mouvements précédents, et qu'il exécute bien les flexions, pour qu'on puisse le faire monter par un aide.

De plus, il est préférable de ne commencer le Rassembler, même à pied, que lorsqu'on obtient déjà le ramener à cheval, au pas et au petit trot.

Rassembler. — Habituer d'abord le Cheval au contact de la Chambrière. — Le cheval étant sur la piste à main gauche, le cavalier tient dans la main droite la chambrière basse, et dans l'autre les rênes de la bride près du mors.

Il fixe son regard sur les yeux de l'animal, et demande la légèreté.

Puis il élève lentement la chambrière.

Mais lorsque le cheval bouge, il arrête son bras droit dans la position où il se trouve, jusqu'à ce qu'il ait immobilisé l'animal par des demi-arrêts, et en donnant à ses yeux une expression sévère.

Aussitôt l'immobilité obtenue, il le rassure par l'interjection : « Oh! » émise d'une voix caressante.

On arrive ainsi progressivement à placer franchement la lanière sur le cheval, le fouet tombant du côté hors montoir, le bout du manche appuyé sur la partie gauche du dos.

Si à ce contact l'animal s'inquiète, on l'immobilise avec la main gauche comme nous l'avons dit plus haut, tout en laissant la chambrière sur le poil.

Dès que le calme est revenu, on la glisse alors d'avant en arrière, de façon que l'extrémité du manche arrive un peu plus loin que la hanche gauche. Puis on l'abaisse jusqu'à toucher le sol, de manière que toute la lanière passe doucement sur la croupe.

Comment on accoutume le Cheval au Bruit du Fouet ou à un objet effrayant, à se laisser ferrer, etc. — Avant d'aller plus loin, disons que c'est par un procédé analogue qu'on habitue un cheval peureux au bruit du fouet, sur les pistes, aux deux mains d'abord, puis au milieu du manège.

On agite la mèche doucement et près de terre en fixant les yeux avec bienveillance sur ceux de l'animal qu'on immobilise comme nous l'avons dit, quand il s'inquiète.

Dès que le calme se montre, on caresse et on agite plus vivement le fouet.

On doit en arriver à le faire claquer aux oreilles du cheval tranquillisé et rassuré.

Le regard est d'une importance extrême dans toutes ces pratiques.

C'est par une progression semblable qu'on accoutume les caractères les plus sauvages et les plus farouches à tous les objets qui les effraient, et qu'on amène les animaux les plus irascibles et les plus méchants à se laisser ferrer sans difficulté.

Commencements de Rassembler par la Chambrière sur les Pistes. — Quand le cheval reste calme et immobile sous la chambrière, on demande le rassembler.

Pour cela on cherche d'abord la légèreté, puis on agite la chambrière près de la hanche gauche en s'aidant d'appels de langue. On touche au besoin l'animal du manche et de la lanière, mais le moins possible, afin d'éviter l'exaspération et la lutte.

Dès qu'il y a un commencement de mobilisation des membres sans avancer, on place, comme nous l'avons expliqué, la chambrière sur le dos et on la glisse jusqu'à terre par la croupe, en cherchant à arrêter par ce moyen le cheval *avant qu'il s'immobilise de lui-même*.

On recommence plusieurs fois, en ayant soin de faire marcher l'animal un pas ou deux après chaque temps de rassembler. Qu'il ne reste même pas trop non plus à la même place en se mobilisant; qu'il avance plutôt un peu.

Puis on répète le tout à main droite en passant la chambrière dans la main gauche.

Commencements de Rassembler par la Cravache sur les Pistes. — Quand l'animal a bien compris ce travail, on essaie, toujours sur les pistes, quelques commencements de rassembler avec la cravache qu'on tient comme la chambrière et dont on montre le petit bout près du flanc du cheval. Mais on ne touche que si les appels de langue et les menaces de frapper sont impuissants.

Pour arrêter, on pose d'abord la cravache diagonalement sur le dos de l'animal. Mais plus tard la main qui tient les rênes doit suffire.

Ces premières demandes de rassembler ne se font sur la piste que pour faire comprendre au cheval plus facilement ce qu'on veut de lui.

On doit arriver le plus tôt possible à l'essayer au milieu du manège, avec la chambrière d'abord, avec la cravache plus tard.

Sur la piste, le mur empêche qu'on ait « le

complet ensemble des forces de l'animal ». Aussi vaut-il mieux, si l'on se croit assez habile, commencer dès le premier jour au milieu du manège, comme nous allons l'expliquer.

Rassembler au milieu du Manège par la Chambrière. — Le cavalier tient les rênes de bride dans la main gauche près du mors, et la chambrière dans la main droite.

Il commence par répéter ce qu'il a fait sur la piste pour habituer le cheval à se calmer et à s'arrêter au contact de la chambrière.

Puis, ayant rendu l'animal léger, il demande le rassembler en élevant le fouet au-dessus de la croupe.

Si le cheval se traverse, il montre la chambrière à droite ou à gauche en la faisant passer derrière lui, et il revient toujours à la position élevée de la lanière au-dessus de la croupe. Il en touche l'arrière-main quand il est nécessaire, mais toujours le plus rarement possible.

Insensiblement on en arrive à laisser la chambrière sur le côté du cheval ou même tout à fait bas ; mais quand l'action meurt, on l'élève ou l'on s'en sert délicatement.

Dès qu'on obtient un petit commencement de mobilité des extrémités en place, l'animal restant parfaitement droit et n'avançant ni ne reculant, on arrête aussitôt par le contact enveloppant de la chambrière, puis on *décontracte* complètement, et on laisse quelques secondes de repos avant de recommencer.

Il faut tâcher, dès ces premières leçons, que le cheval se rassemble sans aides, sans qu'il soit nécessaire de le toucher pour donner l'action, et sans que la main soit utile pour empêcher le poids de passer en avant.

Rassembler au milieu du Manège par la Cravache. — Quand le rassembler s'exécute ainsi sans difficultés, on le demande par la cravache qu'on tient à la place de la chambrière dans la main droite.

On part comme toujours de la légèreté, puis on montre la cravache à droite et à gauche plusieurs fois, pour donner l'action.

Alors on l'élève au-dessus du dos de l'animal qu'on calme par la voix et en cherchant à l'immobiliser par de légers effets de main.

Le cheval une fois tranquille et parfaitement

droit sous la cravache, on l'excite au rassembler par des appels de langue et en le touchant au besoin délicatement de la mèche sur la croupe.

Dès qu'il se mobilise en place on l'arrête, on *décontracte* et on recommence.

Si l'animal rue, on le corrige par la main qui tient les rènes, mais jamais par la cravache.

Il faut apporter la plus grande attention à ce que le cheval n'ait pas le poids sur le devant dans le rassembler. Aussi est-il indispensable, avant de le demander, de bien en débarrasser cette partie, c'est-à-dire d'obtenir la légèreté par l'élévation de l'encolure.

On doit s'efforcer d'arriver à la mobilisation des extrémités sans que la main soit nécessaire pour empêcher le cheval d'avancer, et sans que la cravache ait besoin de se faire sentir.

Enfin, si le cheval n'est plus parfaitement droit, il faut aussitôt arrêter, redresser, *décontracter*, avant de recommencer. C'est de la plus haute importance.

Dans un manège carré, il est commode de se régler sur les murs pour s'assurer que le cheval est et reste bien droit d'épaules et de hanches.

Recommandations importantes. — Pendant le rassembler, les membres postérieurs s'avancent sous la masse, mais il ne faut pas demander qu'ils restent engagés lorsque l'action qui le produisait vient à cesser.

On doit, dès le commencement, apporter la plus grande attention à ce que les deux pieds de derrière s'engagent autant l'un que l'autre.

Il arrive souvent, en effet, que l'un des bipèdes diagonaux, le gauche, par exemple, se pose un peu plus en arrière que l'autre. Cela est surtout vrai pour le membre postérieur dudit bipède, le droit par conséquent dans le cas qui nous occupe. Il ne faut pas trop alors rester en place. On fait avancer un peu le cheval pendant que se produit le rassembler, et l'on tâche, par des effets de main et de cravache habilement produits, d'arriver à avoir les deux pieds sur la même ligne.

On ne doit pas non plus tenir un pareil cheval parfaitement droit. Ainsi, dans l'exemple choisi, il faut que la croupe soit un peu portée à gauche, mais sans exagération, afin de donner plus d'activité au membre postérieur droit qu'à son voisin.

Il est très important de corriger dès le principe le défaut dont nous parlons, car une fois qu'on a laissé prendre à un cheval cette mauvaise habitude, il est presque impossible de la lui faire perdre.

Le travail à pied n'étant qu'une préparation à ce que l'on se propose de demander plus tard en selle, on ne doit pas sacrifier le principal à l'accessoire.

Aussi faut-il s'empresser de faire monter un aide sur le cheval qu'on dresse.

Mais on n'en continue pas moins chaque jour le travail à pied, afin de le rendre de plus en plus parfait, et il faut chercher sans cesse à obtenir le rassembler avec une légèreté plus constante et plus de régularité.

Il se rythme dès lors de lui-même, et devient ainsi Piaffer.

CHAPITRE II

ÉQUITATION DE FANTAISIE. — ALLURES ARTIFICIELLES

IAFFER. — Avec le *piaffer* on entre dans l'équitation de fantaisie, équitation savante, pleine de jouissances, utile même pour arriver à la perfection, mais non indispensable pour le dressage ordinaire.

Quand le piaffer est bien dessiné, les battues doivent s'espacer de plus en plus et les membres s'élever davantage à chaque leçon.

Le cheval doit continuer à se cadencer sans main, ni appels de langue, ni cravache, toujours parfaitement droit, l'encolure bien soutenue avec une légèreté constante, sans avancer ni reculer.

Si les membres de devant ne s'élèvent pas autant que ceux de derrière, il faut toucher de la cravache l'animal au poitrail. Dans le cas où il voudrait alors frapper avec ses pieds antérieurs, on l'en empêcherait par des demi-arrêts, et si ce moyen ne suffisait pas, on lui remettrait au besoin le caveçon.

Si c'est l'arrière-main qui manque d'activité, on frappe de temps à autre sur la croupe de petits coups secs.

Passage. Trot en arrière. — On exerce ensuite l'animal à piaffer en avançant de trois ou quatre centimètres d'abord, puis de dix à quinze à chaque temps, ce qui constitue le *passage*, et à reculer également d'un pouce ou deux à chaque battue, cadence qui s'appelle *trot en arrière*.

Ces deux airs sont d'autant plus beaux que le cheval gagne moins de terrain en avant ou en arrière, et que le soutien de chaque bipède diagonal est plus élevé et plus prolongé, la légèreté demeurant intacte.

On demande tout ce travail à la cravache, mais on peut quelquefois se servir également de la chambrière.

Il n'est pas non plus nécessaire de desseller toujours le cheval. Alors la cravache excite l'animal en frappant sur le siège de la selle et ne touche la croupe que comme moyen extrême.

Extension complète et horizontale de chacun des Membres de devant au moyen de la Cravache. — Quand chacun des mouvements du travail à pied qui précède a été bien compris par le cheval, on peut commencer à lui faire lever par la cravache les deux membres antérieurs alternativement.

A cet effet, on se place devant l'animal dont on élève la tête avec la main gauche, qui s'assure en même temps que le cheval est léger.

De l'autre on tient la cravache la pointe basse.

On en touche par petits coups, répétés à une seconde d'intervalle, l'avant-bras du membre qu'on veut déta-

cher du sol, jusqu'à ce que le cheval l'ait soulevé légèrement. La main qui tient les rênes allège cette même
partie en faisant refluer le poids sur le pied qui doit
rester à l'appui.

On corrige par des demi-arrêts tous les mouvements
de colère de l'animal et on le replace bien droit en se
servant de la cravache qui cesse de toucher l'avant-bras
dès que l'immobilité du corps et le calme disparaissent.

Dans le principe, on récompense dès que le pied s'est
détaché du sol, ne serait-ce qu'un moment.

Puis on fait de même lever l'autre.

À mesure que cet exercice devient plus familier au
cheval, on demande de plus en plus le soutien, l'extension et l'élévation du membre, c'est-à-dire qu'on ne
cesse les attouchements de la cravache que lorsqu'on a
obtenu un progrès, — fût-il à peine appréciable, — com-
parativement à ce que l'animal donnait précédemment.

Il faut de plus s'assurer que la légèreté ne s'altère
point.

On arrive ainsi, en agissant avec beaucoup de tact et
en augmentant insensiblement ses exigences, à l'extension complète de chaque membre antérieur tenu horizontalement aussi longtemps que le cavalier n'en
permet pas l'abaissement.

Pas espagnol. — C'est le moment de commencer le
pas espagnol.

Pour obtenir cet air, le cavalier met d'abord l'animal
sur la piste à main gauche. Il tient les rênes et la cravache comme précédemment, mais il se place un peu
en dedans du manège pour ne pas être atteint par les

jambes de devant. Puis il demande la légèreté et fait lever un des membres.

Pendant l'extension de ce membre, il touche de la cravache l'animal au poitrail pour provoquer un pas en avant.

Le pas exécuté, il arrête, rétablit l'équilibre s'il est altéré, et fait lever l'autre jambe.

Il demande aussitôt un nouveau pas, puis arrête, cherche la légèreté, et ainsi de suite.

On recommence à l'autre main en se plaçant d'une manière analogue.

Dès que cette marche a été comprise par le cheval, on tâche de l'obtenir en se servant désormais le moins possible de la cravache et en reportant le poids alternativement sur le membre qui doit rester au sol, pendant que l'autre marque dans son soutien toute l'extension dont il est susceptible.

On s'éloigne le plus vite possible de la piste pour ne plus y revenir, et on s'efforce de jour en jour d'arriver à ce que, la légèreté restant inaltérée, l'animal prenne facilement cette allure artificielle qui doit être cadencée, harmonieuse, et aussi lente que le cavalier le désire.

Trot espagnol. — On passe ensuite au *trot espagnol.*

Pour cela on se place aussi d'abord sur la piste. Mais le cavalier doit regarder du même côté que le cheval pour ne pas être obligé de marcher à reculons. Si l'on est à main gauche, par exemple, l'homme tient donc les rênes de bride dans la main droite et la cravache dans l'autre.

On met l'animal au pas espagnol, puis, tout en facilitant cette allure par les déplacements alternatifs du poids vers la droite et vers la gauche, on en augmente la vitesse en frappant légèrement le poitrail avec la cravache, s'il est besoin. De même on en touche les avant-bras s'il faut entretenir l'extension ou l'élévation des membres.

On surveille aussi constamment la légèreté.

A mesure que l'animal prend l'habitude de rapprocher les battues du pas espagnol, on accélère celui-ci de plus en plus, de manière à obtenir insensiblement la naissance du trot, lequel se produit, comme on sait, quand les foulées du pas, après s'être rapprochées de plus en plus, finissent par se confondre deux à deux, diagonalement.

Dès qu'on a eu un ou deux temps de trot avec l'extension des membres de devant, on arrête, on *décontracte* et on recommence.

Ces essais se répètent à droite d'après les mêmes principes.

On doit s'éloigner des pistes dès qu'il est possible. Il faut, en demandant chaque jour une ou deux foulées de plus avant d'arrêter, en arriver progressivement à ce qu'il suffise de montrer la cravache et de reporter le poids d'une épaule sur l'autre pour que le trot espagnol se produise avec une grande élévation, la légèreté restant intacte, les membres s'étendant complètement dans une direction horizontale, les battues se reproduisant à des intervalles éloignés et égaux, et chaque bipède diagonal passant de l'appui au soutien par une détente moelleuse et élastique qui fasse peu avancer l'animal.

Un cheval peut être parfaitement équilibré et complètement dressé par ailleurs sans faire ni trot ni pas espagnol, et sans même avoir appris à lever les membres de devant à la volonté du cavalier.

Ces différents exercices ne sont donc nullement une partie indispensable du dressage, et l'on peut sans inconvénient s'abstenir de les demander.

Mais d'un autre côté le trot espagnol est le plus puissant moyen de donner aux mouvements des épaules leur extrême développement.

Trot à Extension soutenue. — Quand un cheval prend facilement cette allure artificielle, on cherche peu à peu à en accélérer les battues sans altérer la projection brillante et horizontale des membres de devant, et l'on arrive ainsi au *trot à extension soutenue.*

Mais c'est surtout à cheval que ce dernier trot peut être enseigné et obtenu dans toute sa beauté par le cavalier.

CHAPITRE III

LEÇON DU MONTOIR

Le Cheval est sellé.

OMINER l'animal. Le récompenser dès qu'il se montre soumis. Procéder avec une extrême Gradation.

Si l'on a affaire à un animal dont on se méfie, soit qu'il n'ait jamais porté l'homme, soit qu'il ait montré un caractère farouche et quinteux, on lui met le caveçon dont le cavalier tient la longe.

On se place d'abord sur la piste à main gauche. Le cavalier fait marcher le cheval à la cravache. Au bout de quelques pas, il l'arrête par un coup de caveçon d'une force modérée, mais suffisante pour faire comprendre à l'ani-

mal la puissance de l'instrument qu'il a sur le
nez.

Il redemande de nouveau la marche par la
cravache, puis il arrête encore par un léger
coup de caveçon.

Quand le cheval semble éprouver une crainte
salutaire et se montre convenablement soumis
à l'homme, un aide s'approche et se place à
l'épaule gauche. Le cavalier flatte le cheval sur
l'encolure et le regarde avec bienveillance.

L'aide croise les rênes de filet dans sa main
gauche, prend les crins de la même main et les
tire à lui.

Si l'animal bouge, l'aide cesse toute action
et reste à l'épaule. Le cavalier donne un coup
de caveçon proportionné à la faute, et replace
le cheval comme précédemment.

Le calme rétabli, l'aide recommence.

Si le cheval reste immobile, le cavalier le
flatte du regard, de la main et de la voix. L'aide
le caresse aussi sur l'encolure et cesse de tirer
sur la crinière.

Quand l'animal supporte cette action sans
s'inquiéter, l'aide prend l'étrivière gauche et la
fait claquer.

On agit comme il vient d'être expliqué, selon que le cheval se tracasse ou reste calme.

Puis l'aide engage le pied dans l'étrier, mais le retire au plus vite si l'immobilité disparaît.

Il s'enlève ensuite sur l'étrier avec la plus grande lenteur, en évitant de toucher l'animal de la pointe du pied, caresse le dos et la croupe et redescend aussitôt à terre, mais sans brusquerie.

Il recommence à s'enlever sur l'étrier et enfin passe la jambe pour arriver doucement en selle.

Si à cet instant l'animal s'inquiète, il saute à terre lestement.

Pendant toute cette série d'actions progressives, le cavalier qui tient le caveçon redouble d'attention, encourage la soumission du cheval en le flattant de la voix et de la main droite, mais punit par des saccades verticales toute manifestation de révolte ou d'impatience, ne donnant jamais qu'une seule saccade par faute.

Le calme paraissant complet, l'aide recommence à se mettre en selle. Puis il chausse l'étrier droit.

Il le quitte ensuite délicatement, repasse la jambe droite par-dessus la croupe, s'arrête un moment sur l'étrier gauche, caresse encore le

cheval de la main droite, et descend moelleusement à terre.

Le cavalier fait alors marcher l'animal quelques pas à la cravache en le flattant, pour
augmenter la confiance et reposer l'attention de
son élève.

Quand cette suite d'actions a été répétée plusieurs fois, on prescrit à l'aide arrivé en selle
et ayant les deux étriers chaussés, de séparer
les rênes du filet et d'assurer sa tenue, et le
cavalier fait marcher le cheval à la cravache.

Si le départ est calme, régulier, il flatte l'animal de la voix et du regard en le caressant sur
l'encolure.

S'il en est autrement, la faute est aussitôt
punie par un coup de caveçon proportionné.

On rétablit la confiance et on recommence
jusqu'à ce que le premier pas soit bon.

Alors on arrête et l'aide met pied à terre.

On continue cette leçon sur la piste jusqu'à
ce qu'elle soit bien comprise.

Puis on la répète au milieu du manège tant
qu'il est nécessaire.

Alors on ôte le caveçon et on replace le cheval

sur la piste à main gauche, le cavalier à pied, tenant les rènes de la bride près du mors dans la main gauche pour agir par des demi-arrêts s'il faut punir.

Quand l'animal se laisse monter sans bouger sur la piste sans le caveçon, on le met au milieu du manège.

Dès que dans cette dernière position l'aide peut arriver en selle sans que le cheval paraisse inquiet, et dès que le départ au pas sur la cravache est régulier et calme, le cavalier doit faire éloigner l'aide et monter lui-même.

À cet effet, il met encore le cheval sur la piste comme précédemment. Il tient l'extrémité des rènes de bride dans la main droite, et répète la leçon comme nous venons de l'indiquer, avec cette différence que c'est lui qui corrige par des demi-arrêts sur la bride toutes les fautes de l'animal, et qu'une fois en selle il ne le fait pas marcher.

Si le cheval reculait à son approche, le cavalier reviendrait sans brusquerie à hauteur du poitrail et le ferait avancer à la cravache autant qu'il serait nécessaire.

Il faut que le cavalier conserve sa main droite
le plus libre possible, ne s'en servant pour s'enlever et se tenir que quand il ne peut pas faire
autrement. Il doit redoubler de tact et d'ha-
bileté.

La leçon bien comprise sur la piste se redonne
au milieu du manège, et alors, quand l'animal
reste toujours calme et immobile dans cette
position, on peut le dire confirmé au montoir.

Si, en raison des précédents du cheval, ou de
son caractère doux et soumis, on juge inutile
dès le principe de se servir du caveçon, la leçon
se donne avec la bride seule, de la même manière, et en suivant soigneusement la même
progression, avec cette différence que le cavalier à pied punit par des demi-arrêts tous les
mouvements de révolte instinctifs ou volon-
taires de l'animal.

CHAPITRE IV

FAIRE DEMANDER PAR UN AIDE
A CHEVAL LE TRAVAIL ENSEIGNÉ A PIED
LEÇON DE L'ÉPERON.

N fait monter un aide sur le cheval sellé, qui a le caveçon, à moins qu'on n'ait jugé, pour des raisons sérieuses, cette précaution inutile.

La leçon se donne dès le début au milieu du manège.

Le cavalier à pied tient la longe, ou, si l'on n'a pas mis le caveçon, les rênes de bride près du mors.

L'aide a une rêne de filet dans chaque main et ne s'occupe d'abord que de sa tenue, se laissant porter sans agir en rien sur l'animal.

Le cavalier à pied redemande alors tout le

travail que le cheval a appris jusque-là non monté. C'est afin de le familiariser avec le poids de l'homme.

Dès que chacun de ces exercices s'exécute facilement ainsi, le cavalier prescrit à l'aide qui est en selle de le demander lui-même.

Ce dernier commence par les flexions.

Flexions. — Il cherche donc d'abord la légèreté sur les deux rênes de filet à la fois, en élevant beaucoup la tête et l'encolure.

Il la demande ensuite sur les deux rênes de la bride, puis sur chaque rêne de filet et de bride séparément, en alternant toujours comme il est prescrit.

Marcher. — Une fois les flexions obtenues, l'aide ferme les deux jambes également et progressivement.

Si l'animal se porte en avant à cet effet, les jambes se relâchent; on caresse et on arrête. L'aide redemande aussitôt la légèreté.

Si, à l'approche des jambes de l'aide, l'animal ne se porte pas en avant, le cavalier à pied le détermine à obéir, par la cravache au poitrail, pour lui faire comprendre ce qu'on veut obtenir en le touchant des mollets. On recommence jusqu'à ce que le contact du pantalon ou de la botte produise la marche en avant.

Reculer. Pas de côté. Pirouettes. Commencements de Rassembler (et de pas espagnol). — L'aide demande de même le reculer, les pas de côté, les pirouettes, puis sur les pistes aux deux mains, quelques soupçons de rassembler (*et même un peu de pas espagnol*) si l'animal y a déjà été suffisamment préparé.

Comme nous l'avons expliqué pour la marche en avant, le cavalier s'empresse de faire comprendre au cheval ce qu'on veut de lui dès qu'il montre la moindre hésitation.

On se contente de la plus petite apparence d'obéissance pour récompenser au plus vite et donner du repos.

Si l'animal essaie de se défendre ou commet une faute quelconque, le caveçon agit immédiatement comme punition.

Si l'on s'est cru assez sûr du cheval qu'on a entrepris pour ne pas lui mettre cet instrument, le cavalier à pied se contente de tenir alors constamment les rênes de bride près du mors; mais c'est toujours lui — et non l'aide à cheval

— qui corrige par des demi-arrêts chaque fois qu'il est nécessaire.

Ces mêmes prescriptions s'appliquent à la leçon que nous allons détailler et qui a pour but d'apprendre au cheval à connaître l'éperon.

On la donne dès que l'animal commence à répondre aux aides de l'homme qui le monte.

Habituer le Cheval à l'Éperon. — Voici comment il faut procéder.

Appui des Mollets. — L'aide ayant des bottes sans éperons, le cavalier lui prescrit, après qu'il a obtenu une bonne légèreté sur les deux rênes de filet, d'approcher les deux mollets des flancs, et d'augmenter lentement la force de cette pression, tout en faisant avec le filet une opposition suffisante pour empêcher le cheval de se porter en avant.

Si l'animal conserve son immobilité, son calme et sa légèreté pendant que l'aide serre les jambes avec une certaine énergie, on s'empresse de tout rendre et de caresser.

S'il se mobilise, s'inquiète, l'aide continue la pression de ses mollets sans l'augmenter, et le cavalier agit par saccades de caveçon ou par demi-arrêts, jusqu'à ce que l'immobilité survienne. Alors l'aide desserre ses jambes au plus vite et le cavalier flatte le cheval de la voix et de la main.

Appui des Talons nus. — Quand l'animal supporte la plus grande pression des jambes de l'aide sans perdre ni son calme, ni son immobilité, ni sa légèreté, on prescrit à ce dernier de les fermer jusqu'au contact des talons.

Lorsqu'un fort appui des talons nus est accepté avec la même tranquillité que celui des mollets, on adapte l'éperon à la botte. Mais on a soin d'envelopper les molettes d'un peu d'étoupe ou de vieux linge qu'on enferme dans des morceaux de peau ou des bouts de doigts de gants au moyen de ficelle dont on entoure les collets.

Appui des Molettes recouvertes. — On suit la même progression que précédemment, pour habituer le cheval aux molettes recouvertes.

Appui des Éperons débarrassés de toute Enveloppe. — On débarrasse alors celles-ci de toute enveloppe et on recommence ce qu'on a fait pour l'appui des mollets, des talons nus et des éperons recouverts, en agissant encore avec plus de délicatesse, si c'est possible.

En Place. — Ainsi on débute par serrer les mollets avec une grande énergie, puis le fer s'approche progressivement du poil où il se colle *franchement,* mais sans trop de puissance d'abord.

Dès qu'il a touché, au premier moment de calme, d'immobilité et de légèreté, l'aide s'empresse de rendre, c'est-à-dire de baisser les poignets et de desserrer totalement les jambes en éloignant d'abord ses éperons du poil et en relâchant en dernier lieu ses mollets. On caresse en même temps.

Si le cheval « rue à la botte », le cavalier à pied punit par le caveçon ou par des demi-arrêts.

On recommence souvent à approcher ainsi en station les éperons. On se montre très généreux pour la récompense, de manière à bien confirmer le cheval, à bien lui faire comprendre que ce qu'on cherche c'est l'immobilité et la légèreté, et qu'on le flatte dès qu'il se calme et se tranquillise.

Marcher sur l'Éperon. — Quand on a obtenu

ce résultat en place, il faut ensuite, *et c'est de la plus haute importance,* habituer l'animal à « se porter de pied ferme en avant sur l'éperon ».

A cet effet, les éperons étant au poil, et la main, après avoir fait opposition pour maintenir l'immobilité, ayant rencontré la légèreté, l'aide baisse un peu les poignets et augmente la force de l'appui du fer.

Si le cheval se porte en avant, les aides inférieures se relâchent aussitôt, puis la main arrête.

On recommence plusieurs fois.

Si l'animal ne se met pas en marche lorsque la pression des éperons a atteint son maximum d'intensité, le cavalier à pied le détermine à se porter en avant en le touchant au poitrail avec sa cravache.

On répète cet exercice autant qu'il est nécessaire pour y bien confirmer le cheval.

Appui des Éperons en marchant au Pas. — Puis on dit à l'aide en marchant au pas, d'appuyer d'abord les mollets, puis d'arriver doucement mais *franchement* au fer, la main empêchant l'accélération de l'allure; c'est-à-dire d'éviter l'approche timide des éperons qui produit des attouchements intermittents, lesquels chatouillent ou irritent l'animal.

Si l'arrivée des éperons au poil amène du désordre, le cavalier à pied rétablit le calme et la régularité de la marche par le caveçon ou des demi-arrêts.

Passer du Pas au trot sur l'Éperon. — Il faut ensuite accoutumer le cheval, l'éperon étant au poil, à passer du pas au trot par une plus grande pression du fer.

Appui des Éperons au petit Trot. — Enfin, en suivant toujours la même gradation, on habitue l'animal à supporter l'appui du fer au petit trot — la main faisant opposition — sans que ni l'allure ni la légèreté n'en éprouvent d'altération.

Tous ces appuis d'éperons se font d'abord en se servant du filet comme opposition au surcroît d'action qui en est la conséquence. Mais il faut s'empresser de faire usage du mors de bride dès que l'animal reste calme à l'approche des molettes, et c'est *uniquement* de ce mors, *des rênes de bride* par conséquent, qu'on doit se servir dans la suite, lorsqu'on a besoin, pour une cause ou une autre, d'enfermer sa monture entre le fer du mors et celui des éperons.

A partir de ce moment, le cheval « connaît l'éperon ». On peut alors l'employer quand il est nécessaire, sans que son usage produise du désordre, et l'on est sûr, désormais, d'avoir de l'impulsion quand on s'en sert, puisqu'on a appris à l'animal à donner toujours à ses forces la direction d'arrière en avant lorsque le fer s'appuie au poil.

De plus, on a sur le cheval un moyen assuré de domination, puisqu'on a la facilité de l'empêcher d'exécuter quoi que ce soit de contraire à la volonté de celui qui le monte, et de le forcer par contre à lui obéir.

C'est donc le moment pour le cavalier de congédier son aide et d'enfourcher seul dorénavant son élève, devenu, par ce dressage préparatoire, entièrement à la discrétion de celui qui sait à cheval se servir convenablement de ses aides et surtout de ses éperons.

DEUXIÈME PARTIE

PRÉPARER *(Suite)*

DEUXIÈME PARTIE

PRÉPARER *(Suite)*

--- —

RECOMMANDATIONS GÉNÉRALES

**A**RRÊTER **tout désordre par l'effet d'En-semble sur l'Éperon.** — Une fois en selle, si le cheval veut essayer une défense quelconque, le cavalier doit aussitôt l'en empêcher par un « effet d'ensemble sur l'éperon »; et voici comment il faut s'y prendre pour le pratiquer.

La première condition de réussite, c'est de *ne pas lâcher la tête de l'animal.* On doit donc avoir les rênes courtes. Il est préférable et plus sûr, comme nous l'avons dit, de se servir pour cet effet de celles de la bride. Mais l'essentiel est de ne pas rendre, de façon à empêcher tout mouvement d'*éloignement* de la tête. Les mollets se ferment en même temps avec force et, *aussitôt après leur étreinte énergique,* on arrive à l'appui bien franc des deux éperons. La main continue son opposition, jusqu'à ce que cette pression vigoureuse, graduée et simultanée des jambes et des éperons *poussant* la masse sur le mors qui fait barrière, ait produit l'immobilité, ou rétabli la régularité de l'allure si l'on est en mouvement et qu'on juge inutile d'immobiliser l'animal. La légèreté s'étant manifestée, on relâche les doigts, puis les éperons, et *enfin* les jambes.

L'effet d'ensemble, ainsi pratiqué sans hésitation, est le seul moyen absolument sûr d'empêcher une défense. Mais, même dans le cas où l'occasion d'en faire usage ne se présente pas, il est indispensable de consacrer une partie de chaque séance à redonner *toute la leçon de l'éperon* pendant les premiers jours où l'on monte l'animal sans le caveçon.

Quoiqu'on puisse s'en dispenser, il est souvent bon, par prudence, d'obliger un aide à se maintenir *près* de la tête du cheval — mais sans le tenir si tout va bien — pendant qu'on le confirme dans la connaissance de l'éperon.

On reprendrait même le caveçon, si — contre toute attente — des désordres inquiétants survenaient à ce moment.

Si l'animal reculait à l'appui des éperons, il faudrait l'attaquer vigoureusement, jusqu'à ce qu'il se soit porté en avant. Cette défense est peu à craindre, si l'on a bien suivi la progression indiquée.

Il faut toujours que le cheval se porte sur la main à l'appui des éperons, et à plus forte raison à l'attaque des éperons. Il en doit être de même dans l'effet d'ensemble de pied ferme; seulement, là, il n'y a pas de mouvement. Mais les forces viennent finir contre le mors qui fait céder la mâchoire.

Si l'animal rue à l'approche du fer, le punir par un coup de cravache cinglé près de la botte. N'en donner qu'un seul, mais bon, et *aussitôt* la désobéissance.

De l'effet de la Cravache. — La cravache a pour effet de disperser les forces du cheval, quand celui-ci les concentre contre la volonté du cavalier.

Ainsi, quand un animal se rassemble pour se défendre, quand il va ruer, se cabrer, ou bondir, si l'on veut le châtier par la cravache, il faut en appliquer un vigoureux coup, un peu en arrière de la botte, mais *un seul* pour ne pas provoquer en lui l'exaspération qui amène la lutte. Qu'il ne voie pas la cravache : il n'en sera que plus effrayé par ce châtiment subit qui lui en fait redouter un plus douloureux encore.

L'emploi de ce moyen n'est, du reste, pas indispensable dans ce cas, attendu que l'effet d'ensemble sur l'éperon permet de prévenir toutes les défenses, d'arrêter tous les désordres et de contraindre l'animal à continuer son mouvement à toutes les allures et dans toutes les directions.

Des Fouaillements de Queue. — Quand l'approche des éperons ou des jambes provoque un fouaillement de queue, il faut se contenter de l'éperon à boules rondes ou même du talon nu, si l'animal a assez d'action.

Procéder avec une extrême gradation. Suivre une sage progression. Pas de surprise ; pas d'enjambements.

Mettre d'abord l'animal en confiance.

On doit en rester aux appuis des mollets, tant que leur simple contact amène un fouaillement. Chaque fois qu'on approche les jambes, on les laisse alors collées aux flancs jusqu'à ce que tout mouvement de queue ait cessé. Il faut que l'animal finisse par ne plus s'en préoccuper. Quand il ne fouaille plus du tout de la queue à l'approche des mollets, on arrive à l'appui des talons nus, et quand les talons n'amènent plus de fouaillements, on appuie des éperons à boules rondes.

Enfin, quand le contact des boules rondes laisse le cheval froid, ne produit plus à son tour de fouaillement de queue, on *essaie* d'appuyer des molettes nues à pointes émoussées; mais si la queue recommence encore à s'agiter, il vaut mieux s'en tenir aux boules rondes.

On doit s'abstenir avant tout de favoriser ces fouaillements. Ainsi, par exemple, tant qu'il s'en manifeste, il ne faut pas demander de piaffer.

Ils ne proviennent que d'une mauvaise contraction des muscles de la croupe. Si cette partie ne se contracte que pour pousser en avant, ils ne se produisent pas. Il faut donc éviter le plus possible d'opposer la main aux jambes tant qu'il y a fouaillement, afin de donner plus facilement aux forces la direction d'arrière en avant.

Quand le cheval ne revient plus sur lui à l'approche des jambes, ou des éperons, et que, à ces actions, les jarrets s'engagent bien franchement *pour pousser*, le fouaillement disparaît. C'est qu'il n'y a plus alors dans la croupe que les contractions propres à produire l'impulsion.

But des premiers Procédés de Dressage. — Les procédés de dressage que nous allons d'abord détailler ont pour but d'élever l'encolure de manière à alléger le devant, à rendre facile le reflux du poids d'avant en arrière, et d'arriver ainsi à l'équilibre.

L'élévation de l'encolure ne peut s'obtenir qu'en agissant en même temps sur la tête du cheval. On ne s'occupe donc pas de la position que peut prendre en commençant cette dernière partie. Quand l'encolure se soutient bien, la légèreté à la main se complète par la décontraction de la mâchoire, et la tête se rapproche plus ou moins de la verticale.

C'est ensuite au cavalier à la fixer au ramener
par les moyens que nous décrirons plus tard.

Main sans Jambes, — Jambes sans Main. — On
doit appliquer dès le commencement le principe « jambes sans main, main sans jambes »
toutes les fois qu'on n'a pas besoin — pour
empêcher une défense ou pour faire sentir à
l'animal la domination de l'homme — de se
servir de l'effet d'ensemble sur l'éperon.

En évitant d'employer simultanément la main
et les jambes, le cheval comprend plus claire-
ment ce qu'on veut de lui, et le cavalier est obligé à plus de justesse dans l'emploi de ses aides,
parce que toutes les erreurs commises par lui
apparaissent aussitôt sans atténuation.

Il arrive au contraire la plupart du temps,
quand on se sert en même temps des jambes et
de la main, que les jambes corrigent instinctivement les fautes de la main et que réciproquement la main corrige les fautes des jambes.

CHAPITRE PREMIER

TRAVAIL PRÉPARATOIRE AU MILIEU
DU MANÈGE

ÉTANT à cheval arrêté au milieu du manège, faire un nœud aux rênes de bride et un nœud aux rênes de filet pour les avoir plus courtes.

Manière de demander la Légèreté. — La légèreté se demande à cheval de la même manière qu'à pied ; c'est-à-dire que le cavalier sent la bouche en donnant une demi-tension à ses rênes. Si après avoir continué cette action pendant un certain temps, tout en l'augmentant légèrement, la décontraction de la mâchoire tarde trop à venir, les résistances du poids se combattent par le demi-arrêt, et celles des forces par la vibration.

Ce n'est qu'après les avoir vaincues que se donne avec les mêmes rênes l'indication du mouvement.

Il importe de les bien distinguer.

On doit entendre par résistances de forces les contractions que la mâchoire oppose *volontairement* à la main du cavalier. Ces mouvements *voulus* par le cheval lui servent à repousser à chaque instant le mors en s'appuyant dessus par une sorte de tic nerveux.

Le poids empêche l'équilibre sans que le cheval *veuille* résister; au lieu que les forces sont le moyen par lequel il lutte contre le mors au lieu de le faire sauter moelleusement avec sa langue.

Mais il arrive fréquemment, quand on doit donner un demi-arrêt pour obtenir la légèreté, qu'il faille également employer la vibration, et inversement, quand on fait usage de la vibration, qu'un demi-arrêt soit aussi nécessaire, attendu que l'animal résiste souvent en même temps par le poids et par les forces.

On n'oubliera pas que pour donner le demi-arrêt ou la vibration il faut bien *serrer* les doigts. Peu déplacer les mains, contourner

le poignet gauche de manière que la rêne
gauche soit également bien tendue. C'est le petit doigt qui a le principal rôle, quelle que soit
la main qui agit.

Dans la vibration il ne faut pas abandonner
la bouche du cheval. C'est une invitation à
céder, invitation légère, très délicate.

Lorsque de pied ferme on rencontre une résistance à l'effet d'une rêne employée isolément,
on arrive quelquefois encore plus vite à la vaincre en déplaçant la croupe par la jambe du
même côté.

On fait alors tourner l'arrière-main métho-
diquement, lentement, autour des épaules,
mais d'une façon continue, jusqu'à ce que la
décontraction de la mâchoire se soit manifestée.

Travail en Place au milieu du Manège. — En
place, demander la légèreté sur les deux rênes
de filet. Lâcher le filet.

Demander la légèreté par les deux rênes de
bride. Lâcher la bride. Puis faire céder sur les
rênes de filet ou de bride employées isolément.

Rène droite de filet. Rène droite de bride. Rène gauche de filet. Rène gauche de bride.

Dans ces effets de rênes, tenir le poignet haut pour relever le plus possible l'encolure du cheval.

Marcher ensuite, mais *en décomposant,* c'est-à-dire : demander la légèreté. Baisser la main, fermer les jambes. Quand on a obtenu un pas en avant, relâcher les jambes et arrêter par la main seule. Redemander la légèreté. Faire un nouveau pas en avant, et ainsi de suite.

Se bien pénétrer que *la main seule doit faire céder la mâchoire,* principe qui doit être considéré comme ne comportant jamais d'exception, au moins pendant la plus grande partie du dressage.

Puis reculer. Pour ce mouvement comme pour tout, commencer par avoir la légèreté, et *élever* la main sans faire agir les jambes. Si l'on sent que le poids s'oppose à l'obéissance à cette indication, « forcer le mouvement », c'est-à-dire arriver au reculer par une force énergique mais progressive, habilement graduée jusqu'à ce que l'on ait obtenu un pas en arrière. Alors laisser

un instant le cheval en place. Redemander la
légèreté. Puis « forcer » encore le reculer; arrêter, décontracter, et continuer ainsi en dimi-
nuant l'intensité de l'action du mors jusqu'à ce
que le poids des rênes suffise pour obtenir la
marche rétrograde.

Passer ensuite aux pas de côté à droite et à
gauche.

Commencer par demander la légèreté. Puis
faire agir d'abord *la jambe du côté vers lequel on
veut aller*.

Cet effet doit toujours *précéder* l'action de
l'autre jambe.

Il a pour résultat de placer l'arrière-main un
peu obliquement et d'empêcher les hanches de
devancer les épaules dans la marche de deux
pistes. C'est ainsi que l'on évite l'acculement.

Aussitôt que la jambe droite, par exemple, a
légèrement déplacé la croupe vers la gauche, la
jambe gauche se ferme un peu plus en arrière,
pendant que la main, empêchant l'impulsion de
s'échapper en avant, se porte vers la droite en
faisant prédominer l'effet de la rène gauche.

Ne demander qu'un ou deux pas. Puis arrêter. Rendre léger. Recommencer.

Alterner les pas de côté vers la droite et vers la gauche.

Faire ensuite les pirouettes renversées, puis les pirouettes ordinaires, en suivant la même gradation, c'est-à-dire pas par pas et en rétablissant à chaque instant la légèreté.

Dans les pirouettes ordinaires la rène opposée au côté vers lequel on va, doit contenir les hanches par son appui, et remplacer le plus possible la jambe du dehors.

CHAPITRE II

E **Cheval droit.** — On passe ensuite au travail au pas sur les pistes.

On doit s'efforcer dès le premier jour de maintenir toujours le cheval *droit d'épaules et de hanches*.

Cette recommandation est du reste applicable à toutes les périodes du dressage.

Entretenir la Légèreté en décomposant d'abord, puis sans arrêter. — Pour rétablir ou conserver la légèreté en marchant au pas, il ne faut pas, comme nous l'avons dit, faire agir en même temps les jambes et la main. Voici comment on doit procéder.

La main se met en contact avec la bouche.

Si à ce contact le cheval se montre léger en mobilisant moelleusement sa mâchoire, la main rend. Si elle rencontre au contraire des résistances, *on arrête*. On les détruit par les moyens connus et on redemande ensuite le mouvement par les jambes en baissant les poignets. Une fois le mouvement obtenu de nouveau, si la vitesse ou l'équilibre s'altèrent, c'est aux jambes ou à la main, selon le cas, mais agissant toujours isolément, à les rétablir et à régler l'allure.

Pour aller vite en commençant, il faut tenir les jambes à une petite distance des flancs au moment où le mors agit, et ne rendre que suffisamment pour ne plus sentir la bouche, dès que les jambes sont employées. On peut ainsi passer très rapidement d'une action de la main à un effet des jambes, et souvent on a besoin de se servir successivement de l'une et de l'autre à des intervalles très rapprochés. Le point essentiel dans cette partie du dressage c'est de ne pas opposer la main aux jambes, sauf dans le cas où il est nécessaire d'en arriver à l'effet d'ensemble sur l'éperon. Tout est là.

Pendant la marche, il faut laisser le cheval

libre tant qu'on le peut. Alterner les mises en
main sur la bride et sur le filet.

Comme nous venons de le dire, il vaut mieux,
dans le commencement, *décomposer*, c'est-à-
dire arrêter pour rétablir l'équilibre quand il
y a lieu. Mais, plus tard, on doit arriver à re-
trouver la légèreté en restant au pas. Quand on
essaie de vaincre en marchant une résistance de
poids, se bien pénétrer de ce que le demi-arrêt,
pour rendre le cheval léger lorsqu'il pèse à la
main, n'est point une saccade. Il consiste à
passer rapidement, mais graduellement d'une
force minime à une force plus grande, et proportionnée au degré de la résistance rencontrée.
De plus, il doit être dirigé *de bas en haut,* et non
d'avant en arrière.

N'en donner qu'un à la fois; puis revenir à
la demi-tension des rênes. C'est la *preuve* de
l'opération.

On recommence s'il est nécessaire.

Si, en sentant la bouche, on rencontre une résistance à l'action du mors et qu'on croie qu'elle
vient des forces seules, vibration légère, continue,
et pas plus forte à la fin qu'au commencement.

Si la vibration n'amène aucun résultat, c'est que, en outre de la résistance de force, le poids est trop en avant. Alors demi-arrêt, puis vibration; mais il est préférable, dans ce cas, de décomposer, c'est-à-dire d'arrêter pour décontracter plus vite.

Lorsqu'on agit avec une rêne isolée et qu'une résistance se manifeste à l'action de cette rêne, il vaut mieux donner sur l'autre rêne du même mors le demi-arrêt ou la vibration.

Mais on peut aussi essayer de détruire une résistance à une rêne isolée sans arrêter, en faisant céder la croupe par la pression de la jambe du même côté, ce qui, en portant les hanches en dehors de la ligne des épaules, supprime le point d'appui de la résistance.

Quand on veut rétablir la légèreté sans décomposer, il ne faut altérer en quoi que ce soit l'allure du cheval. La force qui combat les mauvaises contractions ne doit jamais prendre sur celle qui entretient le mouvement.

Dès que le cheval est léger, tout rendre en étant attentif aux moindres fautes qu'il peut commettre.

De la Descente de Main. — De temps en temps arrêter; ajuster les rênes de bride; l'animal étant léger et ayant la tête placée, ouvrir la main gauche et baisser la main droite qui tient le bout des rênes nouées, jusqu'à l'encolure.

Dès que le cheval quitte sa position de tête, le reprendre. C'est là la *descente de main*.

Essayer de la même façon des descentes de main en marchant au pas. Mais quand l'animal est léger, mâche son mors, et qu'on lui a tout rendu, *ne pas permettre de déplacement de tête ni d'affaissement d'encolure*.

Reprendre le cheval dès qu'il s'abandonne, dès qu'il baisse l'encolure ou qu'il augmente son allure.

Il faut donc chercher dès le principe à le laisser libre.

Mais il ne faut lui donner cette liberté qu'avec l'équilibre, avec la légèreté. Qu'il apprenne de bonne heure à se soutenir de lui-même, la tête bien placée.

Ce n'est que quand l'éducation de l'animal avance, qu'on peut arriver aux descentes complètes de main et aussi de jambes.

Du Pas au Reculer. — Passer très fréquemment de la marche au pas au reculer. Dès que la légèreté est bonne, repartir au pas. Reculer, repartir, etc.

Tourners sur de petits Cercles par l'Appui de la Rêne du dehors. — On aborde ensuite les tourners sur les petits cercles par la rêne du dehors (rêne contraire).

Voici comment il faut procéder.

Les rênes nouées (de bride ou de filet alternativement) étant tenues dans une seule main, cette main se porte du côté du tourner. La rêne du dehors agit donc seule.

Si, à son action, la mâchoire reste liante, le bout du nez du cheval se tournant légèrement vers l'extérieur du cercle, le poids de l'encolure reflue du côté du dedans. Si alors les épaules s'inclinent franchement et moelleusement vers le centre de la circonférence, on rend aussitôt.

Si, au contraire, l'appui de la rêne du dehors rencontre une résistance, on la fait disparaître par les moyens connus, et la rêne du dedans agit en même temps discrètement pour aider au tourner.

Le point essentiel, ce n'est pas une inclinaison très marquée de l'encolure, c'est la mobilité de la mâchoire, en un mot la légèreté parfaite.

Cependant le poids de l'avant-main doit être porté vers le dedans du cercle afin de charger davantage l'épaule intérieure et de laisser une liberté d'action plus grande à l'autre épaule qui a plus de chemin à parcourir. Mais au fur et à mesure qu'avance le dressage, le bout du nez du cheval doit se tourner de moins en moins vers le dehors. On peut même arriver à obtenir le changement de direction par la rêne extérieure avec un léger pli de l'encolure vers le dedans.

Dans les commencements on demande les tourners, la tête haute et plus ou moins horizontale. Mais, dès que l'éducation du cheval avance, il faut les exécuter au ramener.

On les prépare alors en demandant de pied ferme l'inclinaison du poids de l'encolure vers la droite ou vers la gauche par l'appui de la rêne du côté opposé.

Cet appui se produit en élevant le poignet et en le portant légèrement en arrière dans la direction du bipède diagonal correspondant à la rène agissante.

Tourners par la Rêne du dedans. — Entremêler ces tourners sur de petits cercles par la rène du dehors, de tourners par la rène du dedans qui doit aussi provoquer la décontraction de la mâchoire, en même temps qu'elle donne la direction. Continuer l'action douce de cette rène jusqu'à la cession.

Serpentine. — On exécute ensuite la serpentine.

Pour qu'elle soit bien faite, il faut tourner très court en arrivant à la piste, et marcher ensuite parfaitement droit et perpendiculairement sur l'autre mur.

La serpentine s'exécute par la rène du dehors ou par celle du dedans (rène directe), mais il faut surtout travailler ce mouvement par celle du dehors (rène contraire).

Changements de Main de deux Pistes. — Pour arriver à exécuter le changement de main de deux pistes, on commence par demander seulement un ou deux pas de côté en arrivant au mur opposé; on en exige ensuite trois ou quatre.

Puis on tient les hanches depuis la ligne du milieu et enfin d'un mur à l'autre.

Dans les pas de côté, les deux jambes peuvent et doivent même être employées en même temps. Ces deux actions ne se contredisent pas, puisque l'une pousse vers un côté et l'autre en avant; mais il faut toujours que l'une soit un peu plus en arrière que l'autre.

Pas de côté, la Tête, puis la Croupe au Mur. — Étant sur la piste, demander le mouvement de la tête au mur. Dès que la mâchoire se raidit, arrêter *dans la position oblique;* décontracter et repartir. Le moins de jambes et de main possible.

Procéder de même pour la croupe au mur. Aller lentement. Décontracter souvent.

Alterner ces mouvements.

Dans les pas de côté, la rène opposée (la rène d'appui) doit remplacer le plus possible la jambe du même côté.

Dès que le mouvement se dessine, se passer de jambes et de main autant qu'on le peut.

Après la tête au mur ou la croupe au mur,
redresser toujours avant de demander l'exercice opposé. On remet ainsi le cheval dans son
équilibre, on le rend léger, et l'on n'a plus alors
qu'une force à vaincre pour exécuter le mou-
ment inverse.

Dans la marche de deux pistes, si l'on rencontre de la résistance à l'appui d'une rène, au
lieu de marquer une action un peu forte et fixe
comme cela se pratique ordinairement, remplacer cette action par un demi-arrêt, un
deuxième, un troisième, etc., si c'est nécessaire.

En passant de la croupe au mur à la tête au
mur, ou inversement, et en redressant un cheval, empêcher l'avant-main d'avancer avant
que la nouvelle position soit donnée.

Dans le mouvement de la tête au mur, quand
on passe un coin de gauche à droite, par
exemple, la jambe droite doit ralentir légèrement la croupe pour laisser le temps aux
épaules de faire leur plus grand arc de cercle
en accélérant un peu leur marche.

Dans la tête et la croupe au mur, les jambes

ne doivent donner que l'*action* et la main la *position*.

De plus, de même que la main ne doit pas agir d'une façon continue, les jambes ne doivent rester aux flancs que tant que cela est nécessaire ; en un mot, leur effet doit être, non pas fixe, mais intermittent.

Petits Contre-changements de Main de deux Pistes. — Étant sur la piste, appuyer de deux pas en dedans ; marcher droit deux pas ; appuyer de deux pas en dehors pour reprendre la piste, et ainsi de suite.

Répéter ce travail en traversant le manège dans sa longueur.

Pirouettes ordinaires et renversées. — Les pirouettes ordinaires ou renversées se commencent en les décomposant.

Demander un pas de pirouette. Arrêter. Rendre léger. Demander un autre pas, arrêter et ainsi de suite.

Les exécuter ensuite deux pas par deux pas. Puis par quart de pirouette et enfin par demi-pirouette.

Ne pas employer en même temps la main et les jambes.

Tâcher de faire les pirouettes ordinaires par la main seule.

Dans les pirouettes renversées, que la jambe du dehors agisse seule, c'est-à-dire sans être aidée par les rênes. Si le cheval se porte sur la main, demi-arrêt, sans jambe, sur la rène où cela est nécessaire, mais principalement sur celle du dedans. Continuer ainsi le mouvement.

S'il y a acculement, jambe du dedans, sans main bien entendu.

Quand le cheval exécute bien la pirouette ordinaire, et qu'on demande ce mouvement, il faut, aussitôt la pirouette *indiquée* par la main et commencée, lâcher les rênes. L'animal doit arriver à la terminer seul.

Pour exécuter ensuite la pirouette ordinaire en marchant, comme il faut que la croupe se fixe, on doit arrêter les membres postérieurs par un demi-arrêt marqué principalement sur la rène du dehors. La main se porte immédiatement après vers le dedans pour donner la direction aux membres antérieurs qui ont à pivoter autour des premiers.

Aussitôt la direction donnée, descente de main. Le mouvement doit se finir de lui-même.

Prendre bien garde à l'acculement dans les pirouettes ordinaires.

Voltes et Demi-voltes ordinaires et renversées, de deux Pistes. — Procéder pour ces deux mouvements comme pour les pirouettes, c'est-à-dire en décomposant. Ne demander la volte qu'après avoir obtenu la demi-volte et n'arriver à la demi-volte sans arrêter qu'après l'avoir exécutée pas par pas, puis deux pas par deux pas, en arrêtant et en rétablissant la légèreté après chaque demande nouvelle.

Dans le travail des demi-voltes ordinaires et renversées, le point important est que le cheval *n'avance pas* à la fin du mouvement. Qu'il arrive parallèlement à la piste et qu'on l'y arrête sans qu'il ait gagné de terrain en avant. C'est ce qui indique que le poids est en équilibre, qu'il n'est pas trop sur les épaules.

Reculer prolongé sur les Pistes. — On doit entrecouper tout le travail au pas de reculer souvent demandé. Quand il s'obtient régulier et

facile, prolonger longtemps de suite ce mouvement sur les pistes, en alternant les effets de
bride et de filet, sans que le cheval s'arrête ou
modifie sa cadence.

Foule. — Cet exercice consiste à tourner
très court et dans tous les sens au milieu du
manège en évitant de reprendre les pistes et
sans s'arrêter.

Quand on l'exécute plusieurs cavaliers à la
fois, il faut que chacun d'eux s'attache à ne jamais marcher dans la même direction que son
voisin.

La main seule agit par l'appui de la rène du
dehors. Dès que la mâchoire est liante, rendre.
Si la résistance se prolonge, la vaincre en
marchant, par les procédés connus.

Au besoin décomposer en arrêtant pour décontracter.

On essaie des descentes de main toutes les
fois que la direction est donnée et que la légèreté est bonne.

Chercher ensuite, en laissant le plus possible
les rènes sur le cou, à faire la foule avec les
jambes seules. La main arrive quand cela est

nécessaire, mais alors les jambes se relâchent. C'est celle du dedans qui doit produire le tourner.

On fait ensuite la foule en exécutant tous les airs de manège de deux pistes les uns après les autres et indistinctement.

Si plusieurs cavaliers se livrent en même temps à cet exercice, on doit faire attention à ce que jamais deux chevaux voisins ne fassent la même figure.

Enfin on exécute la foule en remplaçant les tourners par des pirouettes ordinaires ou en les entremêlant ; que le cheval ne ralentisse pas trop son allure au moment de l'arrêt pour la pirouette. On la commence dès que les membres postérieurs se fixent.

Manière d'arriver au Ramener. — Le point important — de pied ferme surtout, mais également en marche — c'est d'obtenir d'abord la légèreté le cheval ayant la tête élevée. Le ramener vient plus tard par suite du liant de la mâchoire. Mais il faut toujours que *la mâchoire cède d'abord,* l'encolure étant très haute et sans que la tête fasse aucun mouvement.

Rester très longtemps sur les exercices qui précèdent. Ne passer outre que lorsqu'ils s'exécutent parfaitement.

« Aller très lentement pour mener le dressage rapidement. »

Cette recommandation de demander d'abord la légèreté, l'encolure étant très soutenue, s'applique à la bride comme au filet. On décontracte la mâchoire, la tête étant haute et souvent presque horizontale. Ce n'est qu'alors qu'on doit lui permettre de se rapprocher de la perpendiculaire. Mais avec un cheval ainsi préparé le ramener se produit vite et devient bientôt facile à maintenir.

On ne doit prendre le trot que lorsque tout le travail du pas se fait bien régulièrement avec la légèreté, l'encolure soutenue, et la tête placée.

CHAPITRE III

RÉPÉTER **au petit Trot tout le Travail exécuté au Pas.** — Le cheval étant bien
léger au pas, le mettre au petit trot
par les jambes, la main s'abaissant. Puis sentir
la bouche. Si la légèreté a disparu, arrêter,
décontracter, puis reprendre le pas et ensuite
le petit trot.

Il faut dans le commencement décomposer à
l'infini les mouvements, surtout avec des chevaux dont les allures sont détraquées.

Dès qu'on sent l'équilibre compromis, dès
que la cadence perd de sa régularité, arrêter,
décontracter, rendre léger. Puis redemander le
mouvement. Porter la plus grande attention
aux départs au pas et au trot. Que l'allure

soit, dès sa naissance, bien juste, bien réglée.

Au trot comme au pas, laisser le plus possible le cheval libre dès qu'il est léger, c'est-à-dire en équilibre, et qu'il fait bien ce qu'on lui a demandé. « Qu'il croie qu'il est son maître : c'est alors qu'il est notre esclave. »

Répéter au trot tout le travail exécuté au pas. Mêmes recommandations pour les cercles et pour tous les exercices.

Quand on demande un nouveau mouvement quelconque de deux pistes, il faut le commencer au pas, puis prendre le trot pendant une foulée ou deux dans la position oblique, puis reprendre le pas tout en restant de deux pistes et ainsi de suite, en augmentant toujours le nombre des foulées de trot.

Mettre une grande progression dans ses exigences.

Partir de Pied ferme au petit Trot. Arrêter en marchant au Trot.— Partir ensuite de pied ferme au petit trot. Arrêter ; repartir au petit trot.

Essayer souvent des descentes de main, même dans les pas de côté.

Après tout mouvement oblique, ne pas oublier de redresser toujours le cheval avant de demander le mouvement inverse.

Dans le travail en marche au trot, dès qu'on essaie de rétablir l'équilibre sans arrêter, éviter avant tout les saccades. Bien sentir la bouche avant de donner un demi-arrêt, par exemple. Toute action brusque rendrait l'animal incertain dans ses allures.

A la fin des demi-voltes ordinaires ou renversées en tenant les hanches, apporter comme au pas une grande attention à ce que le cheval *n'avance pas* en arrivant sur la piste.

De même, si dans les mouvements obliques il y a de la résistance à l'appui d'une rêne, remplacer l'action fixe sur cette rêne par un ou plusieurs demi-arrêts successifs, si cela est nécessaire.

Se servir souvent des deux jambes en même temps dans les pas de côté.

Se rappeler que celle *du dedans,* du côté vers lequel on va, pousse surtout en avant et sert ainsi à éviter l'acculement.

Quand la foule se fait bien, essayer d'obtenir dans cet exercice les tourners par la jambe du dedans, les rênes restant sur le cou ou tout au moins n'agissant pas, tant que l'allure ne se précipite pas.

S'efforcer plus que jamais de maintenir toujours le cheval bien droit.

Passer du petit Trot au Reculer. — Entremêler tout le travail de reculer demandé, le cheval marchant au petit trot.

Pour cela, l'allure étant bien cadencée, et le cheval léger, arrêter par un effet de main rapide, énergique mais moelleux et savamment gradué, de façon à produire la marche rétrograde *aussitôt* le mouvement en avant enrayé et sans temps d'arrêt appréciable sur place.

Foule en arrière. — Puis quand le reculer se continue de lui-même pendant la descente de main, arriver à faire la foule en arrière, c'est-à-dire exécuter par les jambes agissant isolément, mais sans l'aide de la main, des tourners en arrière dans tous les sens.

Pour que ce travail soit tout à fait régulier, il faut que les rênes restent sur le cou. Les

changements de direction doivent être produits
par la jambe du côté du tourner.

Il est bien entendu que dans les commencements l'action de la main arrive toutes les fois
que cela est nécessaire pour aider à faire comprendre à l'animal ce que l'on demande. Pendant qu'elle agit, on relâche les jambes.

Comment on doit élever l'Encolure. — Dans
toute cette première partie du dressage on doit
chercher à élever le plus possible l'encolure.
C'est sur le poids qu'on agit en demandant cette
élévation; mais il faut qu'en le reportant en
arrière, *la force qui donne le mouvement ne soit
aucunement diminuée;* il faut par contre, en donnant l'action, en produisant la force qui pousse,
que cette même force *n'entraîne dans le sens du
mouvement que la petite quantité de poids nécessaire au mouvement,* et que l'équilibre n'en
soit pas altéré, c'est-à-dire que les translations
du poids demeurent également faciles dans tous
les sens, *après comme avant le mouvement obtenu.*

Quand un cheval a une forte tendance à
affaisser son encolure, on doit tenir les poignets

très hauts, au-dessus des oreilles, s'il est nécessaire, jusqu'à ce que la mâchoire ait cédé moelleusement dans cette position. On rend alors,
mais on reprend, dès que la tête s'abaisse, en
ayant constamment les mains très élevées pour
empêcher l'animal de s'enterrer.

Il faut avec un pareil cheval rester très longtemps sur le travail en place et aux allures rac-
courcies, et ne prendre les rênes de bride que
quand on a obtenu une élévation constante et
très facile sur le filet.

Une fois le poids en équilibre, une fois l'encolure élevée et soutenue, on détruit les résistances de forces quand il y a lieu; et alors la
tête liante, abandonnée à elle-même, se place à
sa position la plus commode.

On arrive ensuite au Ramener. — C'est ensuite
à la main agissant *seule* toujours, c'est-à-dire
sans l'opposer à une action simultanée des deux
jambes, et bien entendu sans prendre sur le
mouvement, sans altérer la vitesse de l'allure,
à obtenir graduellement le ramener en commençant par des effets de rênes *isolées* d'abord,

puis *entre-croisées* (rêne de filet d'un côté,
rêne de bride opposée), pour finir par l'emploi
simultané des deux rênes de bride ou des deux
rênes de filet; tout le travail au petit trot se
répète ainsi successivement avec des exigences
de plus en plus grandes et de plus en plus sou-
tenues de la part du cavalier.

Quand on cherche à rapprocher la tête de la
perpendiculaire en employant chaque rêne tour
à tour *isolément,* on obtient souvent aussi de
prompts résultats par le procédé suivant :

Dès que la rêne tenue un peu courte rencontre une résistance, faire céder cette résistance
sans modifier l'allure, en déplaçant légèrement
la croupe par une pression de la jambe du
même côté.

On continue ledit effet latéral (rêne et jambe
droites, ou rêne et jambe gauches) qui rejette
l'arrière-main un peu en dehors de la ligne des
épaules, jusqu'à ce que la décontraction de la
mâchoire se soit produite, bientôt suivie du
rapprochement de la tête de la perpendiculaire.

Il est à remarquer que l'action d'une rêne et
celle de la jambe du même côté s'entr'aident

mutuellement au lieu de se faire opposition réciproquement, ainsi que cela se produit dans l'effet diagonal.

Des Effets diagonaux. — C'est pour cette raison que les effets diagonaux, inapplicables du reste aux allures rapides, doivent être évités. Ils se composent de deux forces opposées dont l'une pousse dans un sens et l'autre retient dans le sens diamétralement opposé. Ces forces s'annulent donc, ou tout au moins se nuisent entre elles si elles ne sont pas égales. Elles ont souvent pour résultat de provoquer l'animal à résister à leur double contrainte, c'est-à-dire qu'elles le portent à contracter à tort certaines de ses parties. De plus, l'effet diagonal arrête plus ou moins le jeu de l'épaule du côté de la rène qui sert à le produire, et il ploie le cheval qui prend alors de plus en plus l'habitude de se placer de travers aux diverses allures.

CHAPITRE IV

VANT de commencer le rassembler à cheval, il faut que le ramener soit complet, c'est-à-dire que l'animal conserve bien sa légèreté au pas avec la tête perpendiculaire, sur les jambes fermées d'abord énergiquement, puis sur un appui progressif des éperons poussé jusqu'à une grande puissance, la main faisant opposition, bien entendu. Il faut aussi que « le passage des forces en avant », qui fait partir le cheval du pas au trot, soit facile sur l'éperon, la légèreté demeurant inaltérée.

Lorsque le dressage en est arrivé à ce point, on peut entreprendre le rassembler parce que, si les effets produits pour l'obtenir détruisent plus ou moins le ramener, il est toujours facile de le rétablir avec ou même sans l'aide de l'éperon.

Manière de demander le Rassembler. — Pour demander le rassembler, se mettre d'abord sur la piste. Étant arrêté, placer son cheval bien droit et le rendre léger ; puis vibration alternée des deux jambes, en retenant doucement de la main. Dès qu'il y a un peu de mobilité des extrémités, rendre, caresser, et laisser l'animal au repos. Très peu d'exigences d'abord.

Si l'on a, dans le principe, de la difficulté à faire comprendre au cheval ce qu'on lui demande, s'aider de temps à autre de la cravache qui agit alors, comme à pied, sur l'un des flancs ou sur le dessus de la croupe.

Redemander la légèreté pendant l'immobilité. Recommencer souvent à chaque main. Avoir soin de marcher un pas ou deux après chaque temps de rassembler.

Pendant tout ce travail, ne pas négliger de redresser le cheval *dès qu'il se traverse,* et ne chercher la mobilité des appuis, qu'une fois l'animal bien droit et léger. Avancer toujours un peu dans le rassembler, afin d'éviter l'acculement.

S'il se produit des « sauts de pie », ce qui constitue une défense, les réprimer immédiatement par des demi-arrêts donnés avec tact. Dès qu'il y a mobilité calme et légèreté, tout rendre et caresser. Mais ne jamais demander le rassembler avant que la légèreté soit parfaite.

Tant que le cheval reste léger, toute défense lui est impossible. En effet, pour qu'il se défende il faut qu'il raidisse une de ses parties, et la raideur de cette partie se traduit par celle de la mâchoire. Dès qu'on peut forcer l'animal à conserver sa légèreté de bouche, on l'empêche donc de *résister,* c'est-à-dire de se défendre.

Lorsque, après le rassembler, on arrête par un effet d'ensemble, il est préférable que les jambes du cheval ne restent pas engagées sous la masse. L'effet d'ensemble doit rétablir le ramener et redonner à l'animal ses lignes normales d'aplomb.

TROISIÈME PARTIE

ASSEMBLER

TROISIÈME PARTIE

ASSEMBLER

CHAPITRE PREMIER

DÉPARTS ET TRAVAIL AU GALOP

UAND le rassembler à pied est devenu très facile, quand le ramener est bien fixe au pas et au petit trot, et enfin quand on obtient à cheval des commencements de rassembler, c'est le moment d'essayer les départs au galop.

Il y a plusieurs manières de faire partir un cheval du pas au galop.

Des principales Manières de demander le Galop.

— Quand on a affaire à un animal qui n'est nullement familiarisé avec cette allure, il n'y a pas lieu de chercher, tout d'abord, à le rassembler.

On doit le pousser sur la main comme si l'on voulait prendre le trot. Alors les poignets se portent à gauche pour le départ à droite par exemple, la rène gauche étant tenue plus courte que la droite, et les deux jambes se ferment avec une force à peu près égale, la gauche plus en arrière.

Le galop produit, dès qu'on a une apparence de légèreté, récompenser.

Après une dizaine de foulées, passer au pas.

Recommencer plusieurs fois à chaque main.

Au moment où l'on donne la position pour le galop, si l'on *sent* que les contractions de l'animal vont produire un faux départ, il faut empêcher le mouvement de s'achever, reprendre le pas, et recommencer à placer.

Il faut tâcher de sentir que l'animal *va* prendre une position défectueuse.

Si l'on agit après que cette position défectueuse est déjà prise, c'est mauvais. C'est encore plus mauvais si l'on n'arrête l'animal que lorsque l'enlever au galop s'est produit.

Si l'on constate, en se servant du filet, que
« les forces s'éloignent trop », c'est-à-dire que
la tête est trop en avant et que les jarrets ne restent pas assez engagés, sont trop loin du centre,
prendre la bride seule, mais revenir ensuite de
temps en temps au filet.

Dès que les départs ainsi demandés deviennent faciles, employer les moyens suivants pour
mettre son cheval au galop.

L'animal marchant au pas, sur la piste, et
étant léger, commencer par approcher les jambes
en faisant primer celles du dedans. Puis, *aussitôt*
que l'action est ainsi augmentée par les jambes,
porter la main vers le dehors pour donner la
position qui, elle, engendre le mouvement.
Bien soigner ces départs.

Pour le galop à droite, par exemple, chercher
d'abord la légèreté par la rène droite ; puis, l'impulsion étant suffisante, élever la main vers la
gauche en la rapprochant du corps.

L'action doit être donnée presque exclusive-
ment avec la jambe du dedans, afin de maintenir le cheval droit, en empêchant la croupe de
venir du côté opposé à celui où se porte la main.

Une fois le galop produit, à chaque descente de l'avant-main, demi-arrêt pour cadencer l'allure qui doit, dès le départ, être réglée comme un balancier d'horloge.

Tant qu'on reste au galop, changer souvent de rênes, une seule main tenant le filet, puis la bride, puis le filet. Pendant ces changements de rênes, l'allure ne doit pas varier.

Si la vitesse augmente, décomposer. C'est-à-dire arrêter court, décontracter, puis repartir.

Départs à faux. — Demander ensuite des départs à faux.

Pour cela, porter en marchant au pas les épaules du cheval vers le dedans, de manière à lui faire prendre le degré d'obliquité d'un quart de « croupe au mur », et partir au galop dans cette position par les mêmes moyens que ci-dessus, mais en se servant d'abord des aides opposées rêne et jambe droites pour le départ à gauche en étant à main droite.

Faire ainsi quatre pas de galop et passer au pas ; rétablir la légèreté, repartir, etc.

Mais arriver le plus tôt possible à obtenir les départs à faux par la rêne et la jambe du côté du mur agissant comme aides principales.

Alterner ensuite avec des départs sur le pied du dedans.

Dans tout le travail au galop, s'efforcer plus que jamais de maintenir le cheval absolument droit et léger.

Moyen de redresser un Cheval. — En commençant, dès que l'animal se traverse plus ou moins, dès qu'une résistance à la main se manifeste, décomposer, c'est-à-dire arrêter, redresser, rendre léger et repartir.

Plus tard, lorsqu'on peut déjà essayer de combattre les résistances sans arrêter, on doit redresser son cheval par le procédé suivant : s'il avance la croupe à droite dans le galop à droite par exemple, il faut, lorsque sa mâchoire est liante et moelleuse, appuyer légèrement la rêne gauche sur l'encolure, de manière à rejeter le poids de l'avant-main sur l'épaule droite, ce qui a pour conséquence de faire plus ou moins déborder les hanches à gauche et d'amener le bout du nez de ce même côté.

En un mot, on corrige un pli en donnant à l'animal, par un délicat effet de main, le pli inverse. Mais il faut éviter de se servir pour cela des jambes.

Pour rétablir la légèreté en marchant au galop, n'altérer en quoi que ce soit l'allure du cheval en combattant les résistances.

Chercher toujours à élever le plus possible l'encolure en agissant sur le poids, mais sans jamais prendre sur la force nécessaire au mouvement.

Décontracter la mâchoire et laisser la tête se rapprocher insensiblement de la perpendiculaire.

Descentes de Main. — Dès que l'on a une belle légèreté au galop, essayer des descentes de main et les répéter souvent.

S'efforcer du reste, dans tout le travail à cette allure, d'employer le moins de main et le moins de jambes possible.

Reculer. — Passer fréquemment du galop au reculer par un effet d'élévation des poignets, sans jambes, effet qui doit être plus que jamais

savamment gradué tout en étant un peu énergique.

Repartir au galop aussitôt l'arrêt après le
reculer.

Petits Cercles. — Le cheval étant bien léger,
décrire des cercles de petits diamètres en faisant agir par appui la rène du dehors pour
charger l'épaule du dedans, ce qui amène dans
le principe le bout du nez légèrement en dehors
et « fait tomber » l'avant-main vers le centre
du cercle.

Galop de deux Pistes. — Passer au galop de
deux pistes.

Commencer par la tête et la croupe au mur.

Pour ce mouvement, tenir d'abord ses rènes
courtes dans une seule main (bride ou filet).

Le cheval marchant obliquement au pas,
demander seulement quelques foulées de galop
de deux pistes et reprendre le pas.

A chaque poser de l'avant-main dans le galop
sur les hanches, demi-arrèt accentué de bas en
haut, sans avancer la main, pour *enlever* le
cheval et cadencer l'allure. La main doit s'éle-

ver chaque fois que les membres de devant touchent terre, et s'abaisser ensuite plus rapidement qu'elle ne s'est élevée. Le mouvement du poignet doit être bien rythmé.

Il faut faire agir davantage la rène et la jambe du dehors pour pousser le cheval par deux forces du même côté.

Les déplacements de la main doivent être peu apparents.

Si le cheval avance dans la croupe au mur, c'est qu'il y a trop de poids sur le devant; le relever à chaque descente de l'avant-main par un demi-arrêt énergique.

En restant la croupe au mur et sans redresser, galop sur les hanches vers la droite et vers la gauche.

Dans tous ces mouvements de deux pistes au galop, arrêter souvent, décontracter, puis repartir, etc.

Pour obtenir et ensuite entretenir ce galop, la main et les jambes ne doivent pas agir tout à fait en même temps. La main place, cesse son effet; les jambes donnent l'action, se relâchent; puis la main enlève l'avant-main, même avec une assez grande force, si c'est né-

cessaire, attendu qu'il s'agit alors de reporter
sur le derrière le poids qui surcharge l'avant-
main.

Puis elle s'abaisse de nouveau. Puis les
jambes arrivent si l'action s'éteint, etc.

Si les jambes et la main agissaient simultanément, leur effet tendrait à s'annuler réciproquement et produirait des contractions.

Changement de Main diagonal. — Pour arriver
à changer de main diagonalement au galop de
deux pistes, commencer le mouvement au pas;
puis faire deux ou trois foulées de galop de
deux pistes; passer au pas en tenant toujours
les hanches; repartir au galop, reprendre le
pas, etc.

Puis, en augmentant le nombre des foulées
de galop, essayer enfin le changement de main
diagonal à cette allure sans passer au pas.

Tâcher le plus tôt possible, dans ces mouvements de deux pistes, de faire un ou deux pas
avec descente de main.

Ne pas oublier que dans le galop de deux
pistes comme dans tout mouvement sur les
hanches aux autres allures, les deux jambes

peuvent et doivent être le plus souvent employées en même temps ; l'une pousse en avant et l'autre de côté. Cette dernière se place un peu plus en arrière que l'autre.

Mais quand le dressage avance, la main doit presque tout faire ; la rène du dehors surtout.

Bien s'efforcer de distinguer ce qui fait défaut : si c'est l'action ou la position.

Diminuer de plus en plus la force des aides employées.

S'il y a de la résistance à l'appui d'une rène, ne pas insister sur une action *fixe*. La remplacer aussitôt par un demi-arrêt suivi d'un second, d'un troisième, etc.

Traverser ensuite le manège au galop de deux pistes, dans une direction perpendiculaire aux grands côtés, en maintenant son cheval bien parallèle à ces mêmes grands côtés et sans avancer d'une ligne.

Décomposer au besoin ce mouvement en arrêtant pour rétablir la légèreté.

Demi-voltes de deux Pistes au Galop. — Puis commencer une demi-volte ordinaire de deux pistes au pas. La terminer par quelques pas de galop.

Même gradation pour la demi-volte renversée.

Arriver à exécuter entièrement ces demi-voltes au galop.

Pirouettes au Galop. — Pour préparer à la pirouette au galop, exécuter de petites demi-voltes ordinaires de deux pistes, commencées au pas, et finies au galop.

Les répéter souvent à la même place en revenant au point de départ par le mouvement inverse.

Dans ce travail, s'attacher à ce que le cheval n'avance pas; mais éviter cependant tout principe d'acculement.

Enfin passer à la pirouette ordinaire.

Commencer de même au pas et terminer par un ou deux enlevers au galop. On arrive ainsi à faire la demi-pirouette tout entière au galop.

Dans ce mouvement le cheval doit être bien droit.

Dès qu'on peut l'exécuter entièrement au galop, le moins de jambes possible. Si l'on s'en

sert trop, on arrive au désordre, au trépigne-
ment; l'enlever ne se produit plus.

Volte au Galop. — Pour la volte, en commencer une de deux pistes au pas au milieu du
manège, puis faire une foulée de galop; puis
passer au pas; puis deux foulées de galop, et
ainsi de suite jusqu'à ce que la volte entière se
fasse au galop sur les hanches.

Dans le travail au galop de deux pistes, il
arrive un moment où la rène du côté où l'on
va est trop puissante et laisse la croupe en arrière. Alors il faut s'en servir le moins possible et employer la rène du dehors par appui
sur l'encolure. Mais cet appui doit être délicat.
Le cheval est ainsi *poussé* du côté où l'on veut
marcher. Cette action a, de plus, l'avantage de
faire une légère opposition à la croupe, qui
sans cela resterait un peu en retard.

Départ au Galop par la Main, sans Jambes. —
Il faut en arriver à mettre son cheval au galop
par un effet de main *sans se servir des jambes*.

Pour cela, en marchant au pas, à main droite,
par exemple, porter la main qui tient les rènes

nouées (que ce soit la bride ou le filet) vers la gauche, et un peu en arrière, en donnant un léger demi-arrêt. Si le cheval se ralentit, rendre la main; pousser en avant par les jambes, et recommencer ensuite le même effet de rênes; deux, trois, quatre petits demi-arrêts, s'il est nécessaire, jusqu'à ce que l'enlever au galop se produise. Mais, dès que l'allure du pas se ralentit, cesser toute action de la main et pousser en avant. Donner les demi-arrêts un peu plus forts s'il y a beaucoup de poids à déplacer pour alléger suffisamment le devant.

Aussitôt l'enlever obtenu, la main doit tout lâcher, se tenant prête à reprendre les rênes si besoin est. C'est le seul moyen de voir quel a été l'effet produit, quel est le degré de l'équilibre, s'il n'y a pas trop de poids en avant, etc.

Il faut mettre beaucoup de finesse dans ces actions de main.

Ce travail, très délicat, est extrêmement important. Il apprend à agir sur le poids sans prendre sur la force qui pousse; car tant que les demi-arrêts combattent seulement le poids, ils ne diminuent pas l'impulsion, mais, dès qu'ils agissent sur la force, ils ralentissent ou même arrêtent. On doit en résumé chercher à *enlever* le cheval *sans diminuer sa vitesse.*

Rester sur les départs ainsi demandés, jusqu'à ce que l'animal les ait compris et les donne facilement ; ne pas se presser ; avoir surtout beaucoup de calme et de persévérance.

Le premier départ est souvent long à obtenir.

Dès qu'on a réussi, recommencer jusqu'à ce que le cheval parte facilement aux deux mains.

Puis exécuter ce travail au milieu du manège. Toujours pas de jambes quand la main agit ; mais, dès qu'il y a ralentissement, pousser ferme ; l'éperon au besoin.

On doit ensuite en arriver à passer du reculer au galop sans s'aider des jambes, par le même effet de main employé pour enlever son cheval à cette allure en marchant au pas.

Ce travail donne d'excellents résultats quand on le pratique comme il suit :

Étant arrêté le dos tourné à un grand côté du manège, reculer jusqu'au mur.

Puis partir au galop jusqu'à la piste opposée. Reculer de nouveau. Repartir au galop, et ainsi de suite.

Galop de deux Pistes, sans Jambes. — Puis on répète tout le travail du galop sur les hanches en cherchant à l'exécuter sans se servir des jambes.

Pour la bonne exécution des mouvements de deux pistes à cette allure, il faut, dans le principe, faire *précéder* l'action de la jambe du côté vers lequel on veut obliquer. C'est pour éviter l'acculement, pour entretenir ou donner l'impulsion. Mais lorsque le cheval conserve facilement son équilibre, s'il a un degré d'action suffisant, on doit s'en passer. On doit de même *se passer de l'autre dès qu'elle a indiqué la direction,* dans les pas de côté, la tête au mur, la croupe au mur, etc.

Enfin le cheval marchant au pas et de deux pistes, demander par des demi-arrêts, sans s'aider des jambes, l'enlever au galop sur les hanches. Se contenter d'abord d'un pas ou deux. Il est entendu que dès que l'action diminue ou cesse, la main rend tout, n'agit plus, et que les jambes redonnent l'impulsion.

La main ensuite recommence à demander l'enlever au galop.

Pour obtenir cet enlever au galop, les demi-arrêts se donnent sur l'une ou l'autre rêne selon le cas, ou bien sur les deux à la fois.

Ainsi, si c'est le devant qui est chargé de poids, qui paraît lourd, la rêne du côté où l'on va doit agir principalement ou même seule.

Si c'est le derrière qui reste en retard sur l'avant-main, c'est l'autre rêne qui doit donner les demi-arrêts pour chasser les hanches par une opposition. C'est une question de tact.

S'attacher à ce que ces effets de main soient bien des demi-arrêts et non des saccades.

Demander ainsi des enlevers au galop de deux pistes en changeant de main diagonalement, dans le mouvement de la tête ou de la croupe au mur, etc.

Ne faire agir la main que quand l'action se soutient bien au pas. Dès qu'elle meurt, plus de main et alors les jambes.

De même, une fois l'allure du galop sur les hanches obtenue, si l'action ne se continue pas, cesser tout effet de main, et employer les jambes.

Se contenter, dans le principe, de deux ou trois pas de galop de deux pistes sans jambes.

Arrêter souvent; décontracter.

Donner fréquemment au cheval quelques minutes de repos et d'absolue immobilité dans un équilibre parfait.

Demander, dans le même ordre d'idées, des voltes et des demi-voltes de deux pistes sans se servir des jambes tant qu'on le peut.

Préparer les pirouettes ordinaires au galop sans jambes, par des demi-voltes serrées sans exagération et exécutées par la main seule.

Prendre garde à l'acculement avec les chevaux qui reviennent très facilement sur eux. La main doit alors redoubler de délicatesse.

Pour exécuter la demi-pirouette ordinaire elle-même, alterner dans le commencement les effets de main avec l'action des jambes. En évitant de les produire ensemble, on arrive assez promptement, dans ce travail, à se passer complètement des jambes.

Départs au Galop par les Jambes seules. — Pour parfaire l'équilibre du cheval, il est bon, non seulement de l'exercer à s'enlever au galop par la main seule, mais de chercher inversement à obtenir des départs à cette allure en ne se servant que des jambes.

Pour cela, les rênes étant sur le cou, ou tenues par leur extrémité sans qu'elles aient d'action sur la bouche, appuyer en marchant au pas, la jambe gauche, par exemple, au flanc du cheval et faire agir en même temps la jambe droite un peu plus en avant et par petits à-coups successifs, jusqu'à ce que l'enlever au galop à droite se soit produit.

Si, au moment du contact des jambes, l'animal prend le trot, les relâcher entièrement, et empêcher par un ou plusieurs demi-arrêts le poids de se porter en avant. L'allure du pas une fois rétablie, recommencer à demander par les jambes seules le départ à droite.

Dès que ce résultat est obtenu, alterner les enlevers au galop par la main avec les départs par les jambes.

Exécuter ce même travail sur le pied gauche.

Passer ensuite du pas au trot par une pression égale et progressive des deux jambes.

Mais la différence entre les moyens à employer pour obtenir ainsi le galop ou le trot est plutôt du ressort du tact équestre que du domaine de la théorie.

**Départs au Galop par la Rêne et la Jambe du côté
opposé au Pied demandé sans traverser le Cheval.**
— Il nous reste à dire maintenant comment on
peut arriver à produire le départ au galop par
les aides latérales (rêne et jambe) du côté opposé au pied demandé, le cheval restant bien
droit d'épaules et de hanches.

Cette manière d'obtenir le galop trouve son
application surtout dans l'équitation du dehors.
Elle présente cet avantage que le cavalier se
sert alors toujours, pour mettre son cheval à
cette allure, des mêmes moyens, depuis le
commencement jusqu'à la fin du dressage.

On prépare ce travail comme il suit.

Le cheval étant bien léger et maintenu sur
un cercle à droite de petit diamètre au moyen
de l'appui de la rêne gauche (bride ou filet) sur
l'encolure, obtenir le galop à droite en passant
au besoin par le petit trot, mais en se servant
de la rêne et de la jambe gauches comme agents
principaux.

La rêne gauche doit être l'aide prédominante
et pousser en quelque sorte l'avant-main vers
la droite, le bout du nez du cheval restant un
peu à gauche ; et la jambe gauche du cavalier,

tout en communiquant l'action nécessaire, doit éviter de traverser l'animal dont les épaules et les hanches restent ainsi sur le cercle décrit.

Quand ce travail préparatoire s'exécute convenablement à chaque main, il faut arriver à obtenir les départs au galop sur la ligne droite, le cheval restant bien droit, et cela en se servant toujours de la rène et de la jambe opposées au pied demandé.

Il s'agit alors de donner la position en reportant le poids d'abord légèrement d'avant en arrière, et en le poussant ensuite, pour ainsi dire, vers la droite et en avant.

Pour cela, le cheval étant léger et ramené, pour demander le galop à droite, par exemple, en partant du pas ou du petit trot, élever la main en la rapprochant du corps, la rène gauche agissant à peu près seule dans ce demi-arrèt avec une intensité *progressive* et savamment graduée; et terminer cet effet en reportant la main vers la droite de manière à produire sur l'encolure, avec la même rène gauche, une légère *pulsion* vers la droite. Mais au moment où la main *commence* l'effet en question, la jambe gauche doit agir par une pression proportionnée au surcroît d'impulsion nécessaire, dans le cas où l'animal n'a pas le degré d'action suffisant pour l'enlever au galop.

L'appui de la rène gauche sur l'encolure tend à produire un certain pli à gauche, c'est-à-dire à faire avancer légèrement le bout du nez et la croupe *vers la gauche* pendant que les épaules sont poussées vers la droite. La pression délicate de la jambe gauche ne doit donc plus traverser le cheval.

Il faut d'ailleurs que la rène droite empêche, s'il est nécessaire, le bout du nez de se contourner vers la gauche et qu'elle soit, comme la jambe droite, prête à intervenir en cas de besoin.

Recommencer ces demi-arrêts jusqu'à ce que le galop ait été obtenu, et demander, bien entendu, le départ sur chaque pied.

Rester longtemps sur ce travail et l'entrecouper d'arrêts fréquents suivis de reculer.

Le cheval étant bien léger, partir aussi du reculer au galop par les effets en question.

Arriver comme précédemment à se passer le plus possible et même entièrement des jambes pour ces départs.

Il est à remarquer que cette manière de demander le galop a la plus grande analogie avec l'action de « rouler » dont on se sert souvent à la fin d'une course pour faire donner à un cheval tous ses moyens, en la répétant à chaque foulée des membres antérieurs.

CHAPITRE II

DU GRAND TROT

RAVAIL **au grand Trot**. — Quand le tra-
vail du galop commence à se bien
exécuter et que l'animal reste facilement à la position renfermée, rassemblée, qui
convient à cette allure, c'est le moment de
l'exercer à détendre de temps à autre tous ses
ressorts en s'efforçant de le maintenir néan-
moins léger et ramené.

Pour cela on prend d'abord le petit trot
et, quand l'allure est bien réglée, on allonge
progressivement.

Il arrive parfois qu'un cheval ayant de grandes dispositions à engager ses jarrets, à se rassembler, devient difficile à maintenir au trot
même ralenti, à la suite des exercices du galop.

Dans ce cas, il faut cesser entièrement de demander cette dernière allure pendant un certain temps, jusqu'à ce que le trot redevienne très facile.

Du reste, lorsqu'une position arrive à être très familière à un animal, c'est toujours aux dépens de la facilité avec laquelle il prend les autres. Il ne faut plus alors lui donner, jusqu'à nouvel ordre, que celles qu'il a de la peine à conserver.

Si le grand trot ne se dessine pas franchement, ou si la légèreté se perd, arrêter court, décontracter et repartir. Recommencer vingt fois, si c'est nécessaire, à décomposer, jusqu'à ce que le cheval entame franchement l'allure demandée.

Ce principe est du reste aussi bien applicable au galop qu'au grand trot.

Chaque foulée doit être bien semblable à sa voisine en vitesse et en cadence.

Soigner surtout le départ, le premier pas.

Ne pas chercher dans les commencements à rétablir l'équilibre en marchant :

Arrêter, décontracter, et, le calme et la légèreté revenus, mais pas auparavant, redemander le grand trot.

Descentes de Main. — Dès que l'allure est bien franche et bien décidée, si la légèreté persiste, baisser la main qui tient par leur extrémité les rênes nouées comme toujours, et ne plus les faire agir tant que le cheval conserve son équilibre. On doit arriver ensuite progressivement à les lâcher entièrement en se tenant prêt à tout événement. On les reprend adroitement et prestement dès qu'il y a lieu de s'en servir de nouveau.

Tâcher dès lors que l'animal s'en aille libre et sans gêne, la tête haute et placée, l'encolure se soutenant d'elle-même ; laisser les rênes sur le cou tant que l'équilibre reste intact. Mais reprendre le cheval dès qu'il s'abandonne, *dès qu'il baisse son encolure* ou qu'il augmente son allure.

Dehors, au grand trot, il n'est pas nécessaire que l'animal mâche son mors quand il se livre bien. Il suffit qu'il ne tire pas, qu'il ait l'encolure haute, la tête restant moelleusement *fixe* à une position voisine de la perpendiculaire, et qu'il s'en aille énergiquement et bien droit devant lui, mais prêt à faire jouer son mors, si le cavalier vient à se servir des rênes pour une raison quelconque.

CHAPITRE III

DES CHANGEMENTS DE PIED AU GALOP

Manière d'arriver dans les **Commence-ments au Changement de Pied**. — Pour apprendre au cheval à changer de pied au galop à la volonté du cavalier, exécuter un changement de main diagonal à cette allure en tenant les hanches, de façon à le terminer à quatre pas au moins du coin et à avoir ainsi le temps d'agir avant que l'animal s'incline pour tourner.

En arrivant à la piste opposée, pousser avec les jambes en faisant prédominer celle du côté extérieur. Recevoir aussitòt le poids sur la main qui se porte alors vers le mur en faisant agir principalement la rène du dehors.

On doit donc employer d'abord comme

aides principales la rêne et la jambe opposées au pied demandé, afin de vaincre les résistances assez sérieuses qu'amène chez l'animal l'ignorance de ce que cherche à obtenir le cavalier.

Si l'on ne réussit pas dès les premières foulées, passer au pas.

Se contenter dans le principe d'un seul changement de pied obtenu à l'une et à l'autre main.

Quand le cheval les fait facilement ainsi, il faut les demander en restant sur les pistes, mais en se servant encore de la rêne et de la jambe opposées au pied demandé.

Si l'animal fait des difficultés pour changer de pied, si ses résistances se prolongent et s'il se détraque momentanément, passer au pas.

Rétablir le calme, l'équilibre, et repartir au galop pour essayer de nouveau le changement de pied.

Changement de Pied par la Rêne et la Jambe du côté du Pied demandé. — Dès que ces mouvements deviennent familiers au cheval, il faut essayer de les obtenir par les moyens suivants :

Pour changer de gauche à droite par exemple, jambe droite et aussitôt petit demi-arrêt sur la rène droite.

La jambe droite ne doit pas agir tout à fait en même temps que la main. Elle pousse en avant. La main reçoit le poids et donne la position. Il faut pour cela employer peu de force et mettre beaucoup de délicatesse dans ses effets.

Au moment du changement de pied, le cheval ne doit pas augmenter son allure. En pareil cas, arrêter court; décontracter puis recommencer.

Décomposer plus que jamais pour ce travail. Presque pas de jambes. Le cheval doit changer de lui-même. Éviter de renverser. Alterner souvent la bride et le filet.

Du reste, un cheval bien équilibré au galop a presque toujours assez d'action pour que la main puisse demander le changement de pied en agissant sans le secours des jambes. Elle doit donner par un petit demi-arrêt, appliqué sur la rène du côté du pied cherché, la position qui suffit alors à produire le changement de pied.

Changement de Pied sans le Secours des Jambes.

— Avec un animal qui a assez d'action, ne pas se servir du tout des jambes. C'est afin d'éviter que le derrière ne change avant le devant.

Il faut du reste bien distinguer les cas particuliers qui se présentent. Ainsi, lorsque au contraire un cheval a peu d'impulsion et qu'il est à craindre qu'après l'effet de la main il ne lui en reste plus suffisamment pour que le changement de pied se fasse, les jambes doivent agir d'abord, celle du côté du pied demandé un peu plus que l'autre, et même seule s'il est possible. Alors et presque instantanément la main donne la position et le mouvement suit.

Mais il faut toujours en arriver après un temps plus ou moins long à faire ce travail en se passant complètement du secours des jambes.

Quand l'allure du galop est bien réglée, la légèreté complète, et qu'on juge l'action suffisante, bien sentir la bouche de l'animal pour que l'effet de la main ne soit point une saccade, et ensuite agir par demi-arrêts (un, deux, trois, etc., s'il est nécessaire) sur la rêne du côté du pied demandé, en portant légèrement la main du côté opposé.

Continuer les demi-arrêts sans en augmenter
la force jusqu'à ce que le cheval ait exécuté le
changement de pied. En un mot, donner la
position qui doit engendrer le mouvement et
ne pas chercher le *mouvement* qui doit être
une conséquence de la position.

Si le cheval se ralentit, pousser par les jambes, par l'éperon au besoin, jusqu'à ce que
l'on ait obtenu une impulsion suffisante ; mais
alors, *pendant l'action des jambes,* plus du
tout de main et *ne pas demander le changement de pied.* Point important.

Donc, l'action paraissant suffisante, donner
la position. Si en donnant la position, l'action
meurt, abandonner la position, pousser en
avant sans main, par les jambes ou l'éperon,
puis alors redonner la position. Le mouvement doit venir seul dès qu'on a l'action et la
position.

Avec un cheval chez lequel les demi-arrêts,
même peu marqués, prennent sur l'impulsion,
se borner à une vibration légère sur la rène du
côté du pied demandé, en portant la main du
côté opposé.

Continuer la vibration jusqu'à l'obtention du

changement de pied. Mais pas de jambes pendant cette vibration. Les jambes augmentent la contraction que la main rencontre, et alors ce n'est plus que par une suite d'effets de force, de mouvements saccadés, heurtés, que le changement de pied est obtenu.

Dans ce travail, lâcher complètement les rênes *aussitôt* que l'animal a changé de pied. C'est le meilleur moyen de se bien rendre compte de l'effet produit par la main et de savoir si l'équilibre persiste, si le poids ne vient pas trop en avant, etc.

Reprendre le filet ou la bride avec beaucoup de délicatesse dès qu'il y a lieu, ou pour demander de nouveaux changements de pied.

Le cheval apprécie très bien la différence entre l'abandon complet des rênes sur le cou, et la simple descente de main pendant laquelle, si elles ne font plus d'effet sur la bouche, elles n'en sont pas moins tenues par leur extrémité.

Au fur et à mesure que le dressage se perfectionne, les changements de pied demandés sans le secours des jambes doivent s'obtenir par de simples indications de rênes, sans qu'il soit besoin de recourir aux demi-arrêts ou même à la vibration.

Changements de Pied demandés par les Jambes seules. — Arriver alors, comme exercice, aux changements de pied demandés par les jambes sans l'aide de la main.

Pour cela, tenir d'abord les rênes demi-tendues pour réprimer au besoin l'accélération de l'allure.

Puis les prendre par leur extrémité et ne s'en servir qu'autant que cela est absolument nécessaire, et encore leur action doit-elle être alors presque nulle.

Enfin les laisser tout à fait sur le cou.

On ne peut dire d'une façon absolue quelle est la jambe qui doit avoir dans ce travail l'effet prédominant.

C'est au cavalier à le sentir; mais en dehors des cas particuliers, c'est celle qui est opposée au pied cherché.

Quand les jambes demandent, si l'action augmente, elles doivent aussitôt se relâcher. La main rétablit la cadence primitive, et les jambes recommencent alors à donner la position.

Entremêler ce travail de changements de pied demandés par la main seule. Agir avec une extrême délicatesse dès qu'il n'y a plus trop de poids sur le devant.

Une vibration suffit alors, car les demi-arrêts rendraient le cheval inquiet et hésitant, du moment qu'il n'y a plus lieu d'alléger l'avant-main.

Les changements de pied par les jambes servent à remettre dans le mouvement en avant, après un travail où la main seule a eu beaucoup à agir.

Changements de Pied répétés. — L'essentiel est que le cheval sache exécuter *un changement de pied parfait* de gauche à droite et de droite à gauche, à des intervalles même assez longs dans le principe.

Dès qu'il fait ces mouvements d'une manière *irréprochable,* ce n'est plus rien de les lui faire répéter à de petites distances, qu'on rapproche alors de plus en plus, pour arriver plus tard aux changements de pied au temps, c'est-à-dire renouvelés à chaque temps de galop.

Pour préparer le cheval à ces exercices qui

exigent de la part du cavalier beaucoup de tact et de finesse, il faut bien se pénétrer des recommandations suivantes :

Quand on demande le changement de pied, dès qu'on sent l'action suffisante, *commencer par rapprocher la main du corps,* pour reporter légèrement le poids en arrière, et alors seulement porter un peu la main du côté opposé au pied cherché. Ne pas se presser; donner la position et *laisser faire le cheval.*

Tenir ses rênes dans une seule main (bride ou filet). Ne pas la porter trop sur le côté; presque pas de déplacement latéral, surtout dans les changements de pied répétés.

La main marque un demi-temps d'arrêt en se rapprochant du corps, et se déplace *à peine* vers la droite ou vers la gauche.

Mais, dans les commencements, ne pas craindre de bien *enlever le devant* par un demi-arrêt un peu énergique, afin de dégager les épaules qui souvent pour ce travail sont trop chargées.

Bien sentir si le cheval est *prêt,* avant de demander les changements de pied : pousser ou ralentir au besoin, mais ne pas faire agir en même temps la main et les jambes.

S'il devient nécessaire de décomposer, être *modéré* dans l'application des demi-arrêts. Pas de saccades ni de brusquerie. Beaucoup de calme. L'équilibre une fois rétabli, repartir au galop et attendre un peu, avant de recommencer à changer de pied.

Pour arriver aux changements aux deux temps ou au temps, n'en demander que deux d'abord, puis passer au pas. Recommencer, et ainsi de suite. Se servir, bien entendu, de la main seule, et tâcher de bien saisir « le temps »; abaisser le poignet après chaque demande.

Augmenter petit à petit le nombre des changements de pied aux deux temps ou au temps.

Faire bien attention à ce que l'action soit suffisante. Se montrer très exigeant. Que le devant et le derrière changent bien en même temps. Beaucoup de délicatesse dans la main.

Si l'allure augmente, si le cheval s'affole un peu, si l'équilibre s'altère, cesser de demander le mouvement, et, au besoin, décomposer : arrêter, décontracter avant de recommencer.

Il faut que le dressage soit déjà bien avancé pour qu'on puisse rétablir l'équilibre à l'al-

lure du galop ou même du pas, quand il y a
eu du désordre.

Éviter surtout de demander ce travail de
précision à un cheval fatigué, énervé, mouillé
de sueur, ce qui obligerait à l'obtenir par la
force. Il faut que l'animal reste frais pour ces
leçons difficiles. Que ce soit pour lui un jeu en-
tremêlé de repos et de récompenses.

**Changements de Pied par les Aides opposées
au Pied demandé, le Cheval restant droit d'Épaules
et de Hanches.** — Quand un cheval part facilement au galop *sans se traverser* au moyen de la
rêne et de la jambe opposées au pied demandé,
on peut arriver aussi à obtenir le changement
de pied par le même effet latéral, en le maintenant droit d'épaules et de hanches.

On l'exerce d'abord à changer de pied par
l'action de ces deux aides, en le traversant légèrement s'il est nécessaire.

Puis on demande le changement de pied de
droite à gauche, par exemple, absolument
comme il a été prescrit d'agir pour faire passer
un cheval du pas au galop à gauche, sans le
traverser, par l'emploi de la rêne et de la jambe

droites. On doit s'attacher alors à maintenir l'animal bien droit d'épaules et de hanches.

Comme ci-dessus également, il faut s'efforcer de se servir le moins possible du secours de la jambe et d'arriver même à s'en passer totalement.

La main doit redoubler de finesse et se déplacer à peine latéralement lorsqu'elle marque son demi-temps d'arrêt terminé par une sorte de pulsion vers le côté du pied demandé.

Foule au Galop. — Pour exécuter la foule au galop, on fait des départs en tous sens et sur chaque pied au milieu du manège. On tourne souvent et très court. On change de pied, on arrête, on repart, etc. Bien veiller à ce que la position donnée par la main ne prenne pas sur l'impulsion. Dans ce cas, chasser en avant par les jambes avant de redonner la position.

CHAPITRE IV

UGMENTER de plus en plus la **Vitesse du Galop.** — La légèreté et le ramener étant constants au galop modéré, il faut allonger progressivement cette allure, c'est-à-dire prendre successivement des vitesses de plus en plus grandes, mais chaque fois *uniformes* et bien réglées, sans que le cheval déplace sa tête et devienne pesant à la main.

La mobilité de la mâchoire diminue nécessairement quand le train augmente.

Elle doit reparaître quand la main agit sur la bouche pour reporter le poids en arrière et obtenir un ralentissement.

Exercer le Cheval à s'arrêter en marchant à un

Galop rapide. — On exerce ensuite l'animal à des arrêts sur place en marchant au grand galop.

Se rappeler pour cet exercice que si, avant toute nouvelle exigence, il faut avoir retrouvé la légèreté, on doit, lorsqu'on l'a obtenue, et qu'on demande un mouvement, employer une force énergique, *progressive* et savamment graduée jusqu'à l'obtention du résultat cherché.

Il faut donc, quand on exerce un cheval à s'arrêter en marchant au grand galop, agir au besoin très fortement d'abord avec les poignets jusqu'à ce que leur effet d'élévation ait produit l'immobilité. Reculer alors *immédiatement*.

En répétant ces exercices avec progression et intelligence, on arrive à passer facilement de la charge à l'arrêt par un simple effet de main, sans se servir ni de l'éperon, ni même des jambes.

CHAPITRE V

QUAND on doit commencer les Sauts d'Obstacles. — Il ne faut pas faire sauter le cheval *monté* avant que le dressage ait donné au cavalier des moyens *absolument certains* de l'amener sur un objet quelconque, quelle que soit l'appréhension qu'il puisse en avoir.

C'est l'effet d'ensemble sur l'éperon qui *seul* permet à l'homme de forcer l'animal à se jeter sur un obstacle qui l'effraie ou qu'il ne veut pas franchir.

C'est donc seulement quand le cheval a bien compris la leçon de l'éperon que le cavalier en selle doit commencer à l'exercer aux sauts en hauteur ou en largeur.

Mais auparavant il a dû être longuement
accoutumé à passer à la longe ou en liberté
toutes les variétés d'obstacles qu'il pourra ren-
contrer sous le cavalier.

Du moment où l'animal a reçu cette éducation préliminaire, et qu'on possède le moyen
assuré de l'empêcher de se dérober et de l'obliger à se lancer sur n'importe quel obstacle, il
ne s'agit plus que de l'exercer avec méthode à
franchir, monté, ce qu'il a été habitué à sauter sans cavalier.

On ne saurait trop recommander pour ces
exercices de laisser, *pendant la durée du saut,*
le cheval libre de disposer sa tête, son encolure et tous ses ressorts, comme la nature le
lui indique.

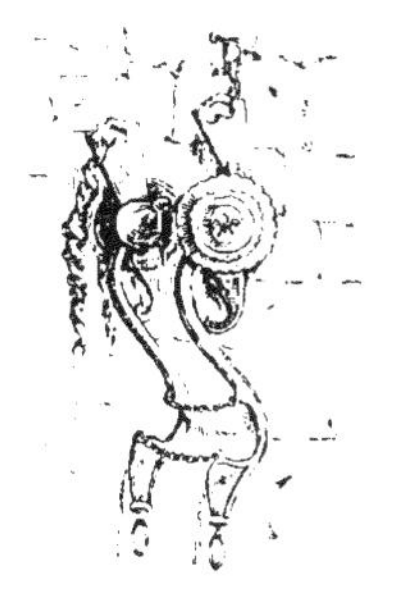

CHAPITRE VI

HABITUER LE CHEVAL AUX BRUITS DE GUERRE, ET AUX OBJETS EFFRAYANTS

ROGRESSION **à suivre pour familiariser le Cheval avec tout ce qui l'effraie.** — Pour habituer un cheval au bruit des tambours, de la musique, aux drapeaux, etc., c'est dans le silence du manège, et non dehors, qu'il faut donner la leçon.

On doit suivre une grande gradation.

Pour le tambour, par exemple, on commence par quelques coups de baguette. Dès que l'animal s'inquiète, cesser le bruit, calmer, flatter, recommencer, etc.

Donner cette leçon avec le tambour arrêté d'abord, puis marchant vers le cheval. Tout est dans la progression.

Pour le feu, se tenir loin au début, très loin même, puis se rapprocher insensiblement.

S'il s'agit d'un objet dont l'animal a peur, se bien garder de chercher par la vigueur à le porter sur l'objet. Laisser au contraire le cheval aussi éloigné qu'il le désire du sujet de son effroi. Mais tout rendre. Se servir le moins possible des rênes et des jambes. Passer et repasser plusieurs fois loin d'abord et ensuite de plus en plus près, à mesure que l'animal fait moins attention à l'objet qui l'avait effrayé au début.

Pour arriver plus sûrement et plus vite, il faut commencer par donner à pied toute leçon qui a pour but d'apprivoiser un cheval, de le rassurer, de le familiariser avec ce qui l'inquiète ou l'épouvante.

Voir d'ailleurs ce qui est dit à ce sujet dans la première partie de la « Progression du dressage ».

CHAPITRE VII

ÉQUITATION DE FANTAISIE. — ALLURES
ARTIFICIELLES

es deux manières de faire agir les Jambes. —
Il y a deux manières de se servir des jambes
quand on les fait agir simultanément et également.

La première consiste à presser le corps de l'animal à
l'endroit de leur position normale et sans les déplacer
sensiblement.

Cette action des jambes pousse, donne l'impulsion.
Elle sert de plus à produire l'effet d'ensemble, lequel
rétablit l'équilibre, quand il est nécessaire, à toutes les
allures, dans toutes les positions, dans tous les mouvements, et met les forces du cheval à l'entière disposition du cavalier.

La deuxième manière d'employer les jambes est de
les porter d'abord un peu en arrière sans toucher le poil,
et là, de les coller moelleusement aux flancs.

Quand le cheval a appris à se rassembler facilement,
cet effet produit et maintient l'engagement des extré-

mités sous la masse, et favorise ainsi la détente des jarrets de bas en haut, à la condition que la main oblige l'action à se dépenser en hauteur.

Il y a donc avantage à s'en servir quand on demande le piaffer, qui n'est en somme que le rassembler régularisé, cadencé.

Mais ce n'est que quand le piaffer lui-même est devenu très facile et bien rythmé, qu'il suffit, pour le produire, d'employer l'effet en question.

Comment on arrive au Piaffer. — Il faut dans le principe procéder comme il suit :

Sentir d'abord la bouche du cheval pour s'assurer que la légèreté est bonne, qu'il n'y a pas trop de poids en avant.

Puis rendre et demander le rassembler par de petits coups de mollets successifs et répétés, et enfin recevoir dans la main l'action ainsi produite par les jambes qui se desserrent aussitôt. La main ne doit pas se déplacer. Elle reste *fixe* et rend quand la mâchoire se décontracte.

Récompenser en caressant et arrêter avant que le cheval s'immobilise de lui-même.

Le plus possible de descentes de main et de jambes.

De plus, avoir comme précédemment les rênes de filet et celles de bride nouées, de façon à pouvoir alterner à chaque instant leur effet.

Dès qu'il y a des résistances ou du désordre, décomposer. Ne pas chercher d'abord à rétablir la légèreté pendant le piaffer. Arrêter puis décontracter.

Dès qu'il y a progrès, si léger qu'il soit, récompenser.

Commencer le piaffer sur les pistes aux deux mains, puis le demander au milieu du manège.

Avancer après chaque demande.

Très peu de mouvements apparents des jambes. Si les mollets ne font pas assez d'effet dès leur approche, une attaque des deux éperons sans opposition de main, pour augmenter l'action, réveiller l'activité.

Éviter toutefois d'employer ce moyen si la queue fouaille.

L'action étant ravivée, chercher à cadencer, à espacer les temps par l'appui moelleux et alterné des mollets.

Dès que la cadence se dessine, plus de main ni de jambes.

De temps en temps la cravache sur la croupe pour donner plus d'élévation au piaffer, surtout si l'on veut activer le derrière.

Être très discret cependant dans l'usage de ce moyen. Pendant qu'on s'en sert, pas de jambes; descente de main. Après l'emploi de la cravache, qui doit, quand elle agit, toucher en cadence la croupe pour marquer les temps, quelques appuis alternés des mollets.

On essaie dans la suite de détruire les résistances sans arrêter, mais il est toujours plus sûr de décomposer quand elles se prolongent.

Il faut éviter le plus qu'on le peut, surtout dans les commencements, de faire agir en même temps la main et les jambes, pour ne pas *faire naître* ainsi des contractions, des résistances. En effet, si l'action des jambes et celle de la main étaient bien *simultanées* et équivalentes, l'animal sollicité par deux forces égales et opposées devrait s'immobiliser instantanément.

Résumons donc la gradation des demandes du cavalier.

Main, pour s'assurer de la légèreté. Puis jambes seules. Puis, s'il en est besoin, main seule, ou jambes seules. Enfin, ni main ni jambes dès que le cheval continue de lui-même son mouvement régulier. On peut d'ailleurs ne laisser qu'un intervalle à peine appréciable entre l'emploi de la main et celui des jambes.

Quand, dans son piaffer, le cheval a la croupe de travers, c'est toujours parce qu'il oppose à la main une résistance de forces. La croupe de travers est *l'effet*. La *cause*, c'est la résistance de forces. Il faut la détruire. On y arrive par un « balancement de main, de droite à gauche et de gauche à droite », sorte de vibration moelleuse et régulière. On commence ce balancement pendant le piaffer et on le continue tant qu'il le faut, longtemps, si c'est nécessaire, même si l'animal recule quelque peu. On se borne alors à diminuer l'intensité de l'effet de main.

Dès que la légèreté vient, tout se redresse; le reculer cesse; le piaffer devient bon.

Le cheval, comme nous l'avons dit, apprécie très bien la différence entre la descente de main faite avec les rênes tenues par leur extrémité, et l'abandon complet des rênes sur le cou. Mais c'est surtout dans le piaffer qu'on s'en aperçoit, quand, après les avoir relâchées totalement sans que pour cela le cheval ait avancé, on les laisse tomber sur l'encolure, ce qui doit se faire dès qu'on le peut. Il arrive alors souvent, dans le commencement, que le poids passe en avant, ce qui entraîne la masse dans ce sens, et oblige à reprendre les rênes.

Du Piaffer en avançant ou Passage. — Quand le cheval piaffe *très bien* sur place avec soutien et cadence, on demande le piaffer en avançant ; c'est le *Passage*.

Dans cette allure artificielle on ne doit avancer que très peu, de deux ou trois pouces environ à chaque foulée. Pour que le passage soit régulier il faut qu'il soit très moelleux ; les mouvements doivent être arrondis, les membres se ployant gracieusement en cadence. Il doit être la conséquence d'une concentration des forces, du rassembler ; et ne pas sembler dur pour le cavalier. Il n'a donc que peu de rapport avec ce trot saccadé, heurté, convulsif et fort désagréable pour l'homme, auquel on donne souvent le même nom.

Du Trot en arrière. — On passe ensuite au piaffer en arrière ou *trot en arrière*. De même que dans le passage on ne doit avancer que de deux ou trois pouces environ à la fois, de même, dans le trot en arrière, chaque bipède diagonal doit se poser à quelques centimètres seulement en arrière de l'autre, après être resté un certain temps au soutien. Changer souvent de rênes pendant cet exercice.

Du Passage de deux Pistes. — Enfin on commence le travail de deux pistes au passage ; mais il est de toute nécessité, avant de le demander, que le piaffer soit parfait en place et que tous les mouvements sur les hanches s'exécutent admirablement au pas et au petit trot.

On ne saurait trop recommander le plus grand tact, et la plus grande discrétion dans les demandes, pour tout ce travail délicat et difficile. Récompenser souvent et mettre la plus soigneuse gradation dans ses exigences.

CHAPITRE VIII

ENDANT le travail préparatoire, le cavalier étant encore à pied, a dû faire demander par l'homme à cheval les levers alternatifs des membres antérieurs, et enfin un peu de *pas espagnol*. On va plus vite ainsi parce que si l'animal ne comprend pas ce qu'on exige de lui, la cravache du cavalier resté à pied intervient pour stimuler son obéissance. Mais alors même que cette première leçon n'aurait pas été donnée, le cavalier à cheval peut toujours demander à lui seul les levers de jambes, le *pas* et enfin le *trot espagnol*, par les moyens suivants, à la condition toutefois que le cheval y ait déjà été exercé convenablement pendant le travail à pied.

Extension des Membres antérieurs. — Étant arrêté, s'assurer que la mâchoire est bien moelleusement mobile, puis alléger l'épaule droite, par exemple, en élevant légèrement la main et en la portant vers la gauche, de façon à opérer sur la rêne droite une demi-tension dans la direction de la hanche gauche. Fermer presque aussitôt les deux jambes et, quand leur pression fait « passer les forces en avant », s'opposer par le même effet de main à ce que le cheval avance.

Si cet ensemble d'actions ne détermine pas le lever et l'extension du membre antérieur droit, se faire comprendre en touchant avec la cravache l'animal à l'épaule droite et au besoin à l'avant-bras droit. Répéter ces levers de chaque jambe de devant jusqu'à ce que le cheval les exécute parfaitement, et se passer le plus tôt possible de la cravache.

Du Pas espagnol. — Commencer alors le *pas espagnol* en mettant l'animal en marche au pas pendant que l'un des membres antérieurs est au soutien et bien étendu. Dès que ce membre pose à terre, inverser les aides pour obtenir le lever et l'extension de l'autre. S'aider, s'il est nécessaire, par la cravache. Continuer jusqu'à ce que cette allure soit franche, facile, avec l'extension complète et très haute de chaque jambe, le cheval restant léger bien entendu.

S'attacher surtout à ce que l'animal *ne revienne pas sur lui* quand il lève un membre antérieur soit en place, soit en marchant. Il doit étendre la jambe sans aucun acculement, comme s'il voulait atteindre un objet placé loin de lui, *en avant* et à hauteur de ses épaules.

Du Trot espagnol. — On peut alors demander le *trot espagnol*.

Pour cela, il faut pousser, activer fortement par une pression égale et simultanée des deux jambes *fermées en avant*, pendant que le cheval marche au pas espagnol avec la mâchoire bien liante.

On précipite le pas de façon à rapprocher de plus en plus les battues de chaque bipède diagonal, la main s'élevant légèrement et se portant alternativement à droite et à gauche, du côté opposé au membre dont on cherche l'extension.

Se servir beaucoup de la cravache dans les commencements.

Dès qu'on a obtenu deux ou trois foulées de trot espagnol, passer au pas, rétablir la légèreté et reprendre le pas espagnol avant de redemander le trot (espagnol).

Quand l'animal a compris et prend facilement cette allure artificielle, il ne faut plus déplacer la main latéralement.

Les jambes, en activant, ayant produit avec l'aide de la cravache, du trot espagnol, recevoir cette impulsion en élevant un peu la main. Dès que la légèreté se manifeste, changer de rênes (la bride et le filet étant noués).

Tâcher bientôt d'obtenir que la cadence se continue avec un peu d'extension pendant un pas ou deux, en abaissant la main.

Arrêter aussitôt pour récompenser.

Être très peu exigeant d'abord. Se contenter de peu.

Recommencer à essayer de se passer de la main.

Reprendre le cheval dès qu'il s'abandonne.

Si la vitesse augmente au moment où la main s'abaisse, rétablir avant tout l'équilibre ; demi-arrêt au besoin

pour empêcher le poids de passer en avant. Ne pas
quitter d'abord entièrement les rênes; abaisser seulement la main pour la relever dès que l'allure meurt.

Tâcher également de se passer de la cravache pendant quelques foulées.

Chercher en un mot à obtenir que le cheval se sou-
tienne de lui-même et continue son trot espagnol sans
aides.

Il faut pour cette allure beaucoup d'impulsion. Quand
les jambes ont à agir, elles ne doivent pas alterner leurs
effets.

Avec un cheval qui donne facilement le trot espagnol,
il suffit, pour le produire, d'augmenter par les jambes le
degré de son action, et, cela fait, d'élever la main pour
alléger le devant, en marquant par des demi-arrêts
moelleux la cadence des premières foulées.

Rendre alors et ne reprendre que pour entretenir l'allure, si besoin est.

On peut aussi s'aider de temps à autre par quelques
appels de langue, mais il faut en arriver le plus vite possible à se passer de toutes les aides, jambes, main, cravache, ou appels de langue, dès que le trot espagnol est
bien énergique, bien régulier, et que l'équilibre persiste,
c'est-à-dire que la légèreté demeure inaltérée.

Du Trot à Extension soutenue. — Pour obtenir le *trot à
extension soutenue*, partir du trot espagnol, c'est-à-dire
demander cette dernière allure en marchant à un trot
accéléré sans être très vite.

Procéder comme toujours quand il s'agit d'avoir de
la cadence avec de l'élévation : employer d'abord les

jambes pour augmenter l'impulsion, et recevoir dans la main cette impulsion.

Employer ces aides très rapprochées l'une de l'autre, mais pas simultanément autant que possible.

QUATRIÈME PARTIE

FIXER

QUATRIÈME PARTIE

FIXER

CHAPITRE PREMIER

DU RAMENER OUTRÉ

L E ramener « outré » n'est qu'un *moyen* de fixer la tête au ramener normal par une exagération *momentanée* des exigences du cavalier. Il ne faut l'employer que si l'on veut pousser le dressage jusqu'à l'anéantissement *complet* des résistances que peuvent présenter la bouche et l'encolure dans n'importe quelle position et quelle que soit l'allure.

La légèreté s'obtenant bien avec la tête très

élevée, arriver au ramener outré. — Ce travail ne doit jamais être entrepris que lorsqu'on obtient facilement l'élévation maximum et soutenue de l'encolure au pas, au trot et au galop, avec la légèreté, la mâchoire cédant d'abord sans mouvement de tête.

Le ramener outré se demande par les rênes du filet et en se passant des pistes ; mais on doit ensuite répéter sur le mors de bride toute la progression que nous allons détailler.

On commence en place.

On croise les rênes du filet dans la main gauche, le petit doigt restant en dehors. La main droite se place sur la rêne droite.

La main gauche se ferme alors « convulsivement » en sentant la bouche, mais *sans tirer*.

Dès que la légèreté se manifeste, elle *suit* le mouvement d'abaissement du bout du nez.

Elle continue à *suivre* ainsi la bouche jusqu'au ramener outré, c'est-à-dire jusqu'au moment où le menton vient à peu près toucher le poitrail. Si la tête, au lieu de céder, veut sortir, la main s'y oppose en se contractant avec une grande force, mais toujours sans tirer sur les rênes.

Pendant ce temps, les jambes se ferment, et on arrive à l'appui des éperons que, bien entendu, le cheval a dû être préalablement habitué à supporter parfaitement.

On laisse les éperons appuyés jusqu'au relâchement complet de la mâchoire. Lorsque ce relâchement se produit, la main éprouve la sensation de la disparition complète de toute résistance. En même temps, la langue détache le mors, le fait sautiller et l'envoie heurter les molaires ; lorsque le cheval est en simple bridon, on entend alors un bruit caractéristique, une sorte de « craquement ».

La main ayant rendu, la tête de l'animal doit rester un moment immobile, avant de se relever moelleusement.

Quand le ramener outré a été obtenu directement par les deux rênes de filet, on le demande par chacune d'elles employée isolément, de manière à produire un huitième de flexion d'encolure.

On accélère également le relâchement de la mâchoire en s'aidant de l'appui des éperons et en *soutenant* de l'autre rêne.

Puis on met son cheval au ramener outré direct par les deux rênes et l'on marche au pas en fixant la main pour empêcher tout déplacement de tête.

Les jambes font le reste, aidées au besoin par les appuis d'éperon.

Le ramener outré se conservant bien au pas, et se reprenant facilement à cette allure, après les descentes de main, mettre le cheval au petit trot tout en le maintenant au ramener outré.

Dès que le relâchement de mâchoire est complet, rendre et récompenser. Appuis d'éperon si c'est nécessaire.

Puis exécuter des départs au galop avec le ramener outré et agir à cette allure comme au trot. Partir parfaitement droit et sans qu'il y ait aucun mouvement d'élévation de la tête, qui doit être maintenue au ramener outré pendant l'action prédominante de l'une ou l'autre rêne selon le cas.

Il faut bien se rendre compte de la sensation éprouvée par le cavalier quand son cheval est droit, ce qui doit être de sa part l'objet d'un soin constant.

Si la tête et la croupe sont à gauche, par exemple, c'est-à-dire si le poids est trop sur l'épaule droite, il faut que la rêne droite, par une tension vers la hanche gauche, rejette le poids à gauche en même temps que, *s'il est nécessaire,* le soutien de la rêne gauche aide la jambe du même côté à faire *un peu* rentrer la croupe à droite. Mais on ne doit employer cet effet de jambe qu'au cas où il est impossible de ne pas y avoir recours.

Passer ensuite, en marchant au pas, au petit trot et au galop, du ramener outré à l'élévation maxima de l'encolure, la tête restant au ramener complet. Pour cela élever la main sans employer aucune force. Le cheval, pour éviter la gêne que lui cause ce déplacement de la main en hauteur, élève à son tour son encolure et devient léger. Appuyer les éperons si le relâchement de la mâchoire se fait attendre ou ne persiste pas.

Demander aux différentes allures les huitièmes de flexions d'encolure avec le ramener outré.

Enfin passer de l'arrêt au reculer, et du reculer aux différentes allures, le ramener outré restant inaltéré.

Répéter souvent ces exercices.

Arriver ensuite aux mouvements de deux pistes au ramener outré.

Pour passer des pas de côté vers la droite aux pas de côté vers la gauche, par exemple, porter les mains à gauche, faire sentir la jambe gauche, et quand les hanches sont bien venues à droite, agir avec la jambe droite pour repartir dans l'autre direction.

Puis demander le piaffer au ramener outré. Pas de mouvements de jambes. L'éperon si le cheval n'obéit pas aux mollets.

Dans tout le travail qui précède, il faut se passer le plus vite possible des éperons, puis des jambes, et jouer alors avec les rênes.

Quand le relâchement de la mâchoire est bien complet, on le reconnaît, comme de pied ferme, à ce que le cheval ne déplace plus sa tête de lui-même au moment de la descente de main, et la laisse au ramener outré pendant un certain temps.

C'est le cas alors d'appliquer, tant qu'on le peut, le principe « main sans jambes, jambes sans main ».

On répète ensuite, comme nous l'avons dit,

tous ces exercices au ramener outré obtenu sur le mors de bride.

L'élévation de l'encolure combinée avec le ramener outré donne et fixe la vraie position de la tête qui dès lors ne se perd plus, ni dans les grandes allures, ni dans les mouvements difficiles.

CHAPITRE II

DES PETITES ATTAQUES

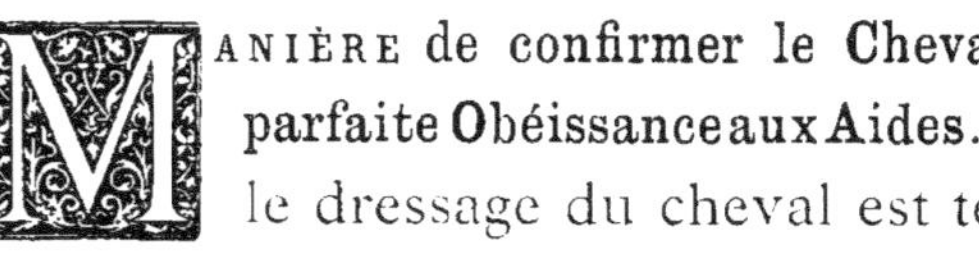**M**anière de confirmer le **Cheval dans sa parfaite Obéissance aux Aides**. — Quand le dressage du cheval est terminé, il ne reste plus qu'à le rendre *très fin* aux aides, afin de ne plus avoir besoin de déplacer d'une façon apparente la main ou les jambes pour lui transmettre sa volonté.

La main doit alors se garder de toute action qui ressemble à une punition, telle que le demi-arrêt ou même la vibration.

Elle ne doit plus agir que par des indications moelleuses et fixes. Il ne faut plus recourir aux moyens de rigueur que pour vaincre une résistance trop longue, si malgré tout il vient à s'en produire.

Les jambes doivent se borner à se mettre en contact avec le poil à leur place normale, lorsqu'il y a lieu de s'en servir. Mais, pour *augmenter l'obéissance aux mollets,* pour réveiller la sensibilité, on doit procéder comme il suit :

Des petites Attaques de l'Éperon. — L'animal étant bien confirmé dans la connaissance de l'éperon et *le supportant sans aucun fouaillement de queue,* dès qu'on a besoin de se servir des jambes, approcher avec délicatesse le ou les mollets jusqu'à une force modérée, et si ce contact n'amène pas l'obéissance immédiate, toucher aussitôt de l'éperon ou des éperons selon le cas. Cette petite attaque doit être douce, mais vive et subite.

De même si l'allure se ralentit, ou si une position donnée par les jambes se perd, petite attaque.

Les jambes doivent tomber naturellement et ne toucher dès lors le cheval que s'il est nécessaire, mais *le plus rarement possible.*

On doit éviter de même les appels de langue,

la cravache, enfin tout ce qui pourrait remplacer les jambes, quand il n'est pas indispensable de s'en servir. Mais après avoir demandé, par exemple, des mouvements par la main seule, comme alors les actions de celle-ci ont toujours plus ou moins reporté les forces en arrière, il faut, pour faire disparaître tout commencement d'acculement, employer les petites attaques des deux éperons à la fois.

Enfin, dans le piaffer, les rènes étant demi-tendues, dès qu'il y a mobilisation et engagement des extrémités, activer de temps à autre par l'emploi de l'éperon, pour obtenir plus de soutien et d'élévation dans la cadence. Si le cheval se retient, s'il n'est pas parfaitement léger, s'il y a un peu d'acculement, attaque simultanée des deux éperons pour rétablir l'équilibre et « faire passer les forces en avant ».

Le principe « jambes sans main, main sans jambes » doit être appliqué le plus qu'on le peut, surtout dans les commencements ; mais il n'a rien d'absolu. Il ne faut donc pas l'ériger en *système* hors duquel il n'y aurait qu'insuccès assuré. On doit se borner à le mettre en pra-

tique tant qu'il n'y a pas de raison sérieuse de
s'en écarter, mais il vient un moment dans le
dressage et plus tard dans le maniement du
cheval dressé, où il y a lieu au contraire d'unir
l'effet des aides inférieures à celui des aides
supérieures.

Ainsi lorsqu'un cheval déjà très avancé comme
préparation ne devient pas léger à une délicate
sollicitation de la main, c'est le cas d'exercer
une faible pression des jambes et d'arriver aussitôt à une petite attaque des éperons, si la mâchoire ne se mobilise pas immédiatement. De
même, quand on veut demander l'arrêt aux diverses allures par un simple effet de main, il
faut que le cheval soit *d'abord* léger. Si la mâchoire résiste à l'opposition du mors, fermer
les jambes délicatement et si la légèreté ne vient
pas instantanément, petite attaque des éperons
avant de demander l'arrêt.

C'est ainsi qu'on rend son cheval vraiment
fin aux aides, et qu'on arrive à le manier sans
aucun mouvement apparent de main ni de
jambe.

Mais il faut être très modéré dans l'application de ces petites attaques d'éperon, ne s'en

servir qu'avec beaucoup de délicatesse et d'à-propos, et y renoncer sans hésitation si elles provoquent des fouaillements de queue.

CONCLUSION

CONCLUSION

L'AUTEUR a voulu exposer dans cette Étude *tous* les procédés de dressage employés par Baucher sur la fin de sa vie.

Il a supposé un animal absolument rétif, dangereux même dans le travail à pied, et il a donné les moyens de pousser son éducation jusqu'à une sorte de perfection *idéale* que seuls ont atteinte, à sa connaissance, les chevaux de ce maître et ceux du général L'Hotte.

Il a donc cherché à présenter au lecteur un ensemble dans lequel le cavalier pût trouver la solution des divers problèmes du dressage.

Mais ce serait une erreur de croire qu'on doive quand même passer par tous les exercices détaillés dans la *Progression*, et les pratiquer avec le même soin, surtout si l'on a affaire à un naturel docile et calme.

Ainsi le cavalier d'extérieur, le chasseur, par exemple, ne fera, comme travail à pied, que

ce qui est indispensable pour obtenir l'obéissance aux actions de la main et aux indications
de la cravache. Il devra élever l'encolure pour
alléger l'avant-main dès le début. Une fois à
cheval, il soignera par-dessus tout les mêmes
effets d'élévation de l'encolure et de la tête, afin
de pouvoir, dehors, au milieu d'autres chevaux et malgré les excitations, reporter facilement le poids en arrière en élevant la main,
lorsqu'il vient trop sur le devant. Dès qu'il
aura ainsi la légèreté, il arrivera au ramener
et considérera son dressage comme suffisant
quand il se sera bien « emparé de la tête ».

S'il s'agit d'un cheval d'armes, il n'est pas
non plus absolument nécessaire de l'exercer
au rassembler, mais il importe qu'il soit rendu
très maniable. Il faudra donc, après quelques
exercices à pied ayant pour but de faciliter la
mobilisation de la masse dans tous les sens,
s'attacher, une fois en selle, à l'élévation de
l'encolure qui donne l'équilibre, et encore plus
aux tourners exécutés par l'appui des rênes
contraires. On répétera très souvent ces exercices à toutes les allures, afin d'obtenir une
grande facilité de déplacement de l'avant-main

autour des hanches. Ces tourners par appui de rênes sont tout spécialement utiles au cavalier militaire qui doit conduire son cheval *avec une seule main*.

Si l'animal est destiné aux courses d'obstacles, steeple-chase, ou concours hippique, il faudra lui rendre très familier l'effet d'ensemble sur l'éperon, afin de pouvoir *toujours* l'empêcher de se dérober, et d'être sûr de le dominer dans toutes les circonstances. On n'oubliera pas non plus qu'en course la première condition c'est la *fixité* de la tête à une position convenable, mais que tout cheval qui bourre à la main, qui *tire* d'une façon exagérée, *s'épuise* en efforts inutiles et perd ainsi une partie de ses chances. On devra donc rendre facile l'obtention d'une légèreté relative, au moyen du reflux du poids d'avant en arrière, et *s'emparer* ensuite de la tête aux allures vives.

Si l'on veut au contraire faire de l'équitation ralentie avec tout le développement possible en *hauteur*, il faudra soigner beaucoup la « concentration des forces », le rassembler. Après avoir obtenu la légèreté en allégeant l'avant-main, on arrivera au ramener outré qui permettra de fixer la tête à une position invariable, malgré la recherche des allures artificielles et des mouvements les plus difficiles.

En un mot on se rappellera que, pour tout cheval destiné spécialement à l'extérieur, c'est l'élévation de la tête et de l'encolure qu'il faut chercher et obtenir plus particulièrement, pour arriver ensuite à conserver le ramener même aux allures allongées, et qu'une fois ce résultat obtenu, le dressage est suffisant. Au contraire, si l'on vise à l'équitation savante, il faut suivre plus scrupuleusement la filière indiquée et s'attacher à tout ce qui peut faciliter le rassembler qui seul donne la hauteur des mouvements et le brillant dans l'exécution.

Mais en résumé, plus le cheval sera sage et le cavalier modeste dans ses exigences, plus on pourra simplifier le dressage et réduire le nombre des moyens employés.

TABLE DES MATIÈRES

CONCLUSION